FMEA

IL RISCHIO TECNICO
INDUSTRIALE DI
PRODOTTO E DI PROCESSO

MICHELE MANZONE

Tutti i diritti riservati.

Codice ISBN: 9798399814735

INDICE

Introduzione 1

Introduzione al metodo FMEA 4

I rischi nel design tecnico e nel processo industriale 10

    Conclusioni 13

DFMEA 15

    Conclusione 24

I guasti 27

    Il metodo matematico: quando conviene e quando no 46

    Rilevabilità di una causa di guasto 51

    Conclusione 56

Il rischio 58

    Risk Priority Number (Indice di Priorità di rischio) 61

    La matrice di rischio 66

    Conclusione 75

Compilazione della DFMEA 76

    Conclusioni 83

PFMEA 85

    Conclusione 89

Follow-up del processo FMEA 91

    Metodi di analisi affini 94

    Conclusione 109

Conclusione 111

Introduzione

Ogni giorno, le organizzazioni di ogni settore devono affrontare sfide complesse nell'assicurare l'affidabilità e la qualità dei loro prodotti e servizi. Un errore o un guasto può causare danni significativi, sia in termini di reputazione che finanziari. Ed è proprio qui che la FMEA si rivela uno strumento indispensabile. Essa offre una metodologia strutturata per identificare e valutare potenziali guasti, determinando le loro cause e valutando le conseguenze sugli obiettivi del sistema.

Attraverso la FMEA, possiamo analizzare gli scenari più critici, concentrandoci su tre elementi fondamentali: la modalità di guasto, gli effetti associati e le cause sottostanti. Questo approccio ci permette di individuare in anticipo i possibili rischi e di sviluppare azioni preventive o correttive per mitigarli efficacemente.

Durante il percorso di lettura di questo libro, scoprirete come la FMEA si applica a vari contesti, come, per esempio, nel settore automobilistico. Esploreremo anche le diverse varianti della FMEA, come la DFMEA (Design FMEA) e la PFMEA (Process FMEA), che si concentrano rispettivamente sulla progettazione e sul processo di produzione.

Inoltre, vedremo come la FMEA può essere utilizzata come strumento di miglioramento continuo, consentendo di identificare le aree di miglioramento e di implementare soluzioni preventive, che contribuiranno a ridurre il numero di errori e a ottimizzare i processi aziendali.

In particolare, nella prima parte del libro potrai scoprire ed approfondire nel dettaglio cosa il metodo FMEA sia, quando nasce e perché e quali siano i vantaggi nel suo utilizzo. È importante approfondire anche il concetto di rischio nel design tecnico e nel processo industriale pertanto, ne verranno fornite le informazioni più salienti.

Solo in un secondo momento si passerà all'analisi del metodo DFMEA – FMEA di progettazione – alla logica induttiva che ne è alla base e ai diversi passaggi logici che si susseguono per garantire un'analisi perfetta; leggerai dell'analisi strutturale e funzionale del prodotto, delle categorie funzionali, così come dei diagrammi funzionali e molto altro ancora.

Il libro prosegue, poi, con un approfondimento circa i guasti: esploreremo, insieme, la derivazione dei guasti, una loro precisa definizione, la gravità del guasto e i suoi effetti, la probabilità e l'occorrenza di guasto fornendo di tutti questi argomenti e di altri ancora esempi pratici.

In un libro dedicato al metodo FMEA non può certamente mancare un approfondimento circa il concetto di rischio e di valutazione dello stesso secondo i principali valori GPR.

Nell'ultima parte del testo, quella più pratica, analizzeremo, passo dopo passo, un documento di valutazione della FMEA di progetto, così da comprendere come compilarlo correttamente punto dopo punto.

Il testo si conclude con una descrizione della FMEA di processo, la disamina delle analogie con DFMEA e i fattori di influenza oltre che con l'approfondimento della fase di follow-up del processo FMEA e l'analisi di metodologie simili.

Introduzione al metodo FMEA

Con l'acronimo **FMEA** – Failure Mode and Effects Analysis - ci si riferisce all'analisi dei modi e degli effetti del guasto ovvero a quel metodo, di tipo induttivo, che, se utilizzato, ha la capacità di rilevare, preventivamente, i punti di debolezza e i rischi associati ad un prodotto o ad un processo; si tratta di una vera e propria tecnica sia formale che sistematica d'analisi.

In generale, l'obiettivo che ci si pone utilizzando tale tecnica d'analisi è quello di prevenire i possibili rischi derivanti da questi difetti o punti di debolezza e procedere alla valutazione di tutte quelle azioni che potrebbero prevenire il verificarsi dei rischi connessi ai difetti.

Il processo in questione coinvolge una serie di passaggi chiave, primo fra tutti quello volto all'identificazione dei guasti potenziali: si individuano tutti i possibili modi in cui il sistema o il processo potrebbero fallire. Questi guasti, noti come "failure mode" (modalità di guasto) possono essere causati da difetti dei componenti, errori umani, condizioni ambientali o da errori di progettazione, per esempio. Il secondo passaggio chiave risiede nella valutazione degli effetti del guasto: si analizza l'impatto che ogni modalità di guasto potrebbe avere sul sistema o sul processo. Gli effetti possono includere conseguenze sulla sicurezza, sulla produzione, sulla qualità, sui costi, sull'ambiente, sulla soddisfazione del cliente. Successivamente si transita all'assegnazione dei punteggi di gravità, probabilità di occorrenza e probabilità di rilevamento: si attribuiscono punteggi numerici per valutare la gravità degli effetti del guasto, la probabilità di occorrenza del guasto e la probabilità di rilevamento del guasto prima che si verifichi un danno.

Il quarto passaggio riguarda il calcolo del punteggio di rischio: si moltiplicano i punteggi di gravità, probabilità di occorrenza e probabilità di rilevamento per ottenere un punteggio di rischio complessivo per ogni modalità di guasto. Questo punteggio aiuta a stabilire le priorità di mitigazione dei guasti.

La penultima fase, poi, è quella dell'identificazione delle azioni di mitigazione: si progettano e si implementano misure per ridurre il rischio di guasto. Queste azioni possono includere modifiche al design, miglioramenti dei processi, adozione di misure preventive o protettive, aggiunta di sistemi di monitoraggio o di allarme.

L'ultimo passaggio chiave è quello del monitoraggio e del controllo: una volta implementate le azioni di mitigazione, è importante monitorare costantemente il sistema o il processo per garantire che le misure adottate siano efficaci e per identificare eventuali nuovi guasti o rischi.

La tecnica in esame è nata negli Stati Uniti d'America nel contesto militare tant'è che è stata utilizzata dalla NASA in occasione delle missioni "Apollo" svoltesi durante gli anni '60. In particolare, in quel periodo, la NASA e le società aeronautiche come la Boeing e la Lockheed Martin utilizzarono per la prima volta questa tecnica per identificare i potenziali guasti e le loro conseguenze nei sistemi spaziali. Inizialmente, il metodo **FMEA** era chiamato "Procedure for Potential Failure Mode and Effects Analysis" e veniva utilizzato per analizzare i guasti che potevano verificarsi durante il lancio dei razzi. L'obiettivo principale era identificare i potenziali guasti in anticipo e sviluppare misure di mitigazione per garantire la sicurezza dell'equipaggio e il successo delle missioni spaziali.

Dopo circa vent'anni, negli anni '80, è stata utilizzata dalla Ford divenendo poi una tecnica comune nel settore automobilistico. Il metodo FMEA viene utilizzato al fine di garantire la sicurezza, l'affidabilità e la qualità dei veicoli durante il processo di progettazione, produzione e manutenzione. Nel contesto del settore automobilistico si sente parlare di "FMEA di processo e di progettazione", metodi che si concentrano rispettivamente sulla valutazione dei guasti nei processi di produzione e nelle fasi di progettazione dei veicoli. Il **FMEA** di processo (**PFMEA**) viene applicato per identificare e mitigare i potenziali guasti o malfunzionamenti che possono verificarsi durante i processi di produzione dei veicoli. Il **FMEA** di progettazione – **DFMEA** – è utilizzato durante la fase di progettazione del veicolo per identificare i potenziali guasti o malfunzionamenti che potrebbero verificarsi a causa di errori di progettazione.

Entrambi i tipi di **FMEA** nel settore automobilistico coinvolgono una valutazione dettagliata delle possibili modalità di guasto, degli effetti dei guasti e delle cause sottostanti. Vengono attribuiti punteggi di gravità, probabilità di occorrenza e probabilità di rilevamento per calcolare il punteggio di rischio complessivo per ogni modalità di guasto. Sulla base di questi punteggi, vengono identificate e implementate azioni correttive o preventive per ridurre i rischi.

Oggi giorno, a differenza di quanto avvenisse nel passato, la tecnica d'analisi è impiegata anche in tanti altri settori ed in particolare nei sistemi che si occupano della gestione della qualità dei prodotti e dei processi. Per fornire altri esempi pratici d'applicazione del metodo **FMEA** si cita il settore farmaceutico ed anche quello energetico. Nel primo caso il metodo **FMEA** viene utilizzato per valutare i potenziali rischi legati alla produzione e alla distribuzione dei farmaci. Può essere applicare per identificare le modalità di guasto nelle fasi di produzione, come errori di formulazione, contaminazione e errori di etichettatura, problemi nella catena di approvvigionamento. L'applicazione del **FMEA** nel settore farmaceutico aiuta a garantire la qualità e la sicurezza dei prodotti farmaceutici. Nel settore energetico, infine, il in questione viene utilizzato per analizzare i rischi e i guasti nei sistemi di produzione e distribuzione dell'energia. Può essere applicato per valutare i guasti negli impianti di generazione di energia, nelle reti di trasmissione e distribuzione, nelle infrastrutture di stoccaggio, nei sistemi di controllo. L'obiettivo è prevenire interruzioni di fornitura, migliorare l'efficienza operativa e garantire la sicurezza degli impianti energetici.

L'utilizzo di questa tecnica, in generale. porta con sé una serie di vantaggi, primo fra tutti quello di ridurre gli eventuali costi che si dovrebbero sostenere nel momento in cui i problemi sorgessero nel momento in cui il prodotto si trova ad una fase avanzata del suo ciclo di vita. La prevenzione è di certo fondamentale al fine del risparmio delle risorse, ma anche alla gestione delle problematiche e degli eventuali errori da correggere.

Ulteriore vantaggio dell'applicazione del metodo **FMEA** risiede nel miglioramento della sicurezza generale: l'analisi dei guasti nel **FMEA** mette in evidenza le possibili modalità di guasto che potrebbero comportare rischi per la sicurezza degli utenti o degli operatori. Identificando tali modalità di guasto è possibile sviluppare misure per mitigare o eliminare i rischi migliorando così la sicurezza di un prodotto o dell'intero processo.

Con l'applicazione del metodo **FMEA** è possibile contare anche su un'ottimizzazione dei processi: è possibile, infatti, identificare le debolezze o le inefficienze nei processi di produzione o operativi. Attraverso l'analisi delle modalità di guasto e delle cause sottostanti, è possibile apportare miglioramenti ai processi per ridurre i tempi di fermo macchina, aumentare l'efficienza, ottimizzare le risorse e ridurre i costi operativi.

Fra gli altri vantaggi, per concludere, se ne citano ancora due: il miglioramento delle prestazioni e la conformità normativa. Per quanto riguarda il miglioramento delle prestazioni, attraverso l'analisi dei guasti e degli effetti nel **FMEA**, è possibile identificare i fattori che influiscono sulle prestazioni del prodotto o del processo. Ciò consente di apportare modifiche o miglioramenti per ottimizzare le prestazioni, migliorare l'affidabilità e soddisfare i requisiti del cliente.

Per quanto concerne la conformità normativa, invece, l'applicazione del **FMEA** può aiutare le organizzazioni a conformarsi alle norme e ai requisiti di sicurezza e qualità specifici del settore. Molte norme e standard richiedono l'analisi dei guasti come parte integrante del processo di gestione dei rischi.

I rischi nel design tecnico e nel processo industriale

Il capitolo precedente si è concluso facendo riferimento a quanto sia importante applicare il metodo **FMEA** al fine della prevenzione dei rischi. La considerazione effettuata al termine dell'introduzione si è posta l'obiettivo di spiegare, con chiarezza, il fatto che la risoluzione dei rischi è parecchio più onerosa nel momento in cui dev'essere svolta in una fase avanzata del ciclo di vita del prodotto piuttosto che durante quella iniziale.

I costi associati a tale operazione vengono descritti, infatti, come esponenzialmente più alti rispetto a quelli che si dovrebbero sostenere se si agisse tempestivamente e, soprattutto, preventivamente.

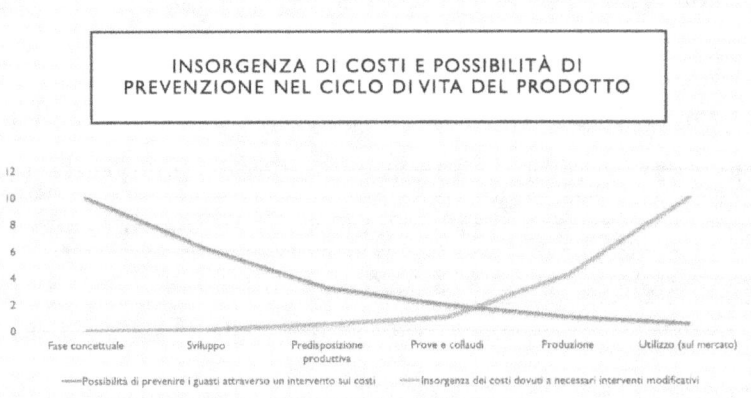

Dal grafico appena riportato emerge con chiarezza che le parti più delicate di tutto il processo siano le prime tre, quelle che comprendono lo sviluppo ed anche la pianificazione. In questa parte del processo si verificano, solitamente, la maggior parte dei guasti (85%) ecco, dunque, che è proprio qui che si deve intervenire ai fini della loro prevenzione.

Nel momento in cui il prodotto transita dalla fase di predisposizione produttiva a quella dei collaudi i costi di intervento per la sua riparazione diventano molto più elevati di quanto lo siano nelle prime tre fasi.

Mediante l'applicazione del metodo **FMEA** è possibile condurre quattro diverse tipologie di analisi del rischio; queste sono, rispettivamente: **FMEA** di sistema, **DMEA** di

Design o del prodotto, **FMEA** di processo, **FMEA** Macchine.

L'analisi "**Design-Fmea**" è una fra le due più utilizzate, insieme a quella di processo. L'attenzione, durante l'applicazione del metodo in oggetto, è rivolta al singolo componente o al prodotto che sia stato progettato da zero o anche modificato. L'analisi avviene, dunque, al livello della progettazione e la sua funzione è quella di connettere le caratteristiche progettuali del prodotto alle funzioni delle sue componenti – e dunque alla funzione del prodotto in generale. Per raggiungere l'obiettivo appena enunciato vengono solitamente impiegate:

- Le stime di probabilità;
- Le relazioni logiche di causa-effetto;
- Le misure di impatto.

Il fatto che l'analisi venga svolta durante il momento della progettazione non è un aspetto da sottovalutare, anzi; questo permette, infatti, di agire tempestivamente nella correzione di eventuali errori – e di comprendere anche le cause che li hanno generati - e nella risoluzione delle criticità che potrebbero presentarsi a questo punto del ciclo di vita del prodotto, come ho anche detto in precedenza.

Ad applicare il metodo appena descritto, in questa specifica fase, è solitamente un singolo responsabile afferente all'ufficio tecnico o del team design.

La seconda tipologia di analisi della quale parlerò qui è quella "**Process-FMEA**"; in questo caso, a differenza del primo, l'attenzione è rivolta alle fasi di produzione ed installazione del prodotto finale. L'analisi è svolta, dunque, non in fase di progettazione ma durante il processo di produzione del prodotto stesso e la sua funzione è quella di connettere le caratteristiche del prodotto, chiamate anche fattori di influenza, alle funzionalità delle componenti.

Affinché l'obiettivo possa essere effettivamente raggiunto vengono utilizzate anche in questo caso le tecniche prima descritte: le stime di probabilità, le relazioni logiche di causa-effetto, le misure di impatto.

Conclusioni

Risulta essere ormai chiaro quanto sia importante concentrare l'attenzione sulla prevenzione dei rischi. Quando questi ultimi si manifestano nella fase finale del ciclo di vita del prodotto, infatti, sono molto più onerosi da risolvere. Agire preventivamente e tempestivamente significa risparmiare preziose risorse. Mediante l'applicazione del metodo FMEA è possibile svolgere quattro diverse tipologie di analisi dei rischi: **FMEA** di sistema, **DMEA** di Design o del prodotto, **FMEA** di processo, **FMEA** Macchine.

La FMEA di sistema si concentra sull'identificazione dei guasti e dei rischi a livello di sistema, valutando gli effetti negativi che potrebbero verificarsi. Questo metodo aiuta a mitigare i rischi e ad adottare le necessarie misure preventive per garantire che il sistema funzioni correttamente e in sicurezza.

La DMEA di design è stata esplorata per identificare e prevenire potenziali guasti o malfunzionamenti derivanti da errori di progettazione. Attraverso questa analisi, si valutano gli effetti dei guasti e si implementano le azioni correttive per garantire che il prodotto o il sistema soddisfino i requisiti di qualità e sicurezza.

La FMEA di processo è stata esaminata per identificare e mitigare i guasti e i rischi durante i processi di produzione o operativi. Questo metodo aiuta a prevenire difetti, ridurre i tempi di fermo macchina e migliorare l'efficienza produttiva attraverso l'analisi delle modalità di guasto e delle cause sottostanti.

Infine, la FMEA macchine si concentra sulla valutazione dei guasti specifici delle macchine o degli impianti utilizzati nei processi produttivi. Questo metodo mira a identificare i guasti delle macchine, valutarne gli effetti e prendere misure preventive o correttive per garantire il corretto funzionamento e la sicurezza degli impianti.

DFMEA

Già nei capitoli precedenti si è accennato alle caratteristiche che questo processo d'analisi ha, ma ancora non si è descritta la sua vera natura ovvero quella induttiva. Il metodo induttivo è un approccio di ragionamento che si basa sull'osservazione di casi specifici per trarre conclusioni generali o formulare delle ipotesi. È un processo di pensiero che parte da dati specifici o esempi concreti per arrivare a una conclusione o a una teoria più generale.

Nel metodo induttivo, l'individuo che debba svolgere l'indagine raccoglie informazioni o evidenze attraverso l'osservazione, l'esperimento o l'analisi dei dati empirici. Queste informazioni specifiche vengono poi analizzate e confrontate per individuare pattern o tendenze ricorrenti. Sulla base di queste osservazioni, l'individuo formula una conclusione generale o una regola che si applica a una più ampia gamma di casi.

Il metodo **FMEA** prevede, basandosi proprio sull'approccio induttivo, che l'analisi si concentri, in un primo momento, su un solo particolare per poi espandersi a tutto ciò che ruota attorno allo stesso.

Durante il processo d'analisi ogni fase dello stesso si

sussegue seguendo una logica ben precisa e, la stessa, viene rispettata in modo rigoroso perché solo in tal modo è possibile definire quali possano essere le azioni correttive da attuare. Come più volte è stato sottolineato nel corso della scrittura l'obiettivo ultimo – e non bisogna mai dimenticare quale esso sia – è quello di agire tempestivamente così da mitigare gli eventuali errori di processo e i possibili guasti conseguenti.

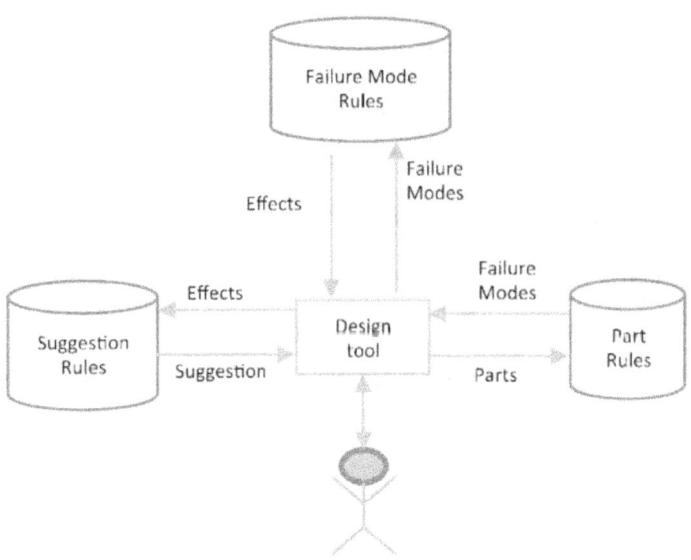

Il grafico appena riportato è estremamente utile alla comprensione di quali siano i diversi passaggi logici dei quali prima si parlava. Per poter davvero comprendere come gli stessi si susseguano ma soprattutto il perché siano così inseriti all'interno del grafico si riporterà un esempio nel quale la protagonista sarà un'automobile. La scelta non è casuale visto che il metodo **FMEA** è stato sin da subito applicato al settore automobilistico per poi espandersi ai processi di gestione della qualità in generale. Preciso che, nonostante l'esempio sia quello di un'automobile, il processo descritto potrà essere applicato a qualsiasi tipologia di prodotto.

Le prime due analisi sono, rispettivamente, quella strutturale e quella funzionale del prodotto. Le stesse vengono condotte simultaneamente e hanno inizio con un processo di identificazione del cosiddetto "nodo radice" ovvero il prodotto da sottoporre all'analisi. Al prodotto o nodo radice devono, poi, essere associate le cosiddette "funzioni radice". Più semplicemente ci si deve interrogare su quale debba essere l'utilizzo finale del prodotto, su cosa si possa fare con lo stesso.

È infrequente, per esperienza, che tutte le funzioni del prodotto possano essere analizzate simultaneamente; è importante, dunque, procedere ad una selezione delle funzioni da analizzare in modo tale che l'applicazione del metodo sia circoscritta all'ambito di interesse. Affinché questo possa realizzarsi è utile identificare quelle che nel gergo tecnico vengono definite "categorie funzionali". Fra queste troviamo, per esempio, la categoria delle funzioni primarie, quelle strutturali, quelle estetiche o anche quelle user-friendly.

Si riporta, di seguito, una tabella contenente gli esempi delle diverse funzioni appena citate; all'interno della stessa vi sono le funzioni radice, indicate con l'acronimo **FR**. Queste occupano un ruolo di rilievo rispetto alle funzioni primarie dal punto di vista gerarchico, ponendosi al di sopra di queste ultime.

Le funzioni radice sono molto importanti perché decretano, effettivamente, l'inizio del processo d'analisi tutto orientando l'attenzione da tenere durante l'applicazione del metodo nella direzione intrapresa.

Ogni funzione radice dev'essere preventivamente chiara e ben identificata perché, ripeto, è proprio dalle stesse che poi si procederà all'individuazione delle diverse componenti e delle funzioni ad ognuna di esse associate.

01-Funzioni primarie
- FR 01-Deve permettere al guidatore di spostarsi comodamente
- FR 02-Deve proteggere il guidatore da eventuali incidenti

02-Funzioni strutturali
- FR 03-E' adeguatamente resistente per svolgere i proprio scopi
- FR 04-E' in grado di spostarsi grazie alla motorizzazione

03-Funzioni estetiche
- FR 05-E' piacevoli a vedersi
- FR 06-L'aspetto caratteristico deve essere prontamente riconoscibile dall'utente

04-Funzioni User-Fiendly
- FR 07-Deve essere comoda per il guidatore
- FR 08-Deve ispirare sicurezza nel guidatore

Per poter capire come davvero si estrinsechi il processo prima descritto effettuerò un esempio prendendo in considerazione la funzione radice "**FR 04** – è in grado di spostarsi grazie alla motorizzazione". Ciò che ci si deve domandare, individuata la funzione radice dalla quale si vuole condurre l'analisi, è quali siano le componenti del prodotto mediante le quali lo stesso può effettivamente esercitare la funzione per la quale è stato progettato.

A pensarci bene, l'autovettura può spostarsi grazie alla motorizzazione; le componenti verso le quali l'attenzione dev'essere rivolta sono:

- Il motore;
- La trasmissione;
- Le ruote;
- Il blocco batteria;
- Il gruppo sospensioni;
- Il sistema di sterzo.

Per prima cosa, si deve indagare la funzione che il componente motore ha; poi bisogna domandarsi mediante quale processo il motore è capace di garantire la funzione radice in esame e quali siano le caratteristiche che ne permettano la realizzazione. Come anticipavo nella spiegazione generale effettuata nei capitoli precedenti è importante capire quale sia l'associazione/relazione esistente tra le caratteristiche del prodotto e la funzione che lo stesso svolge.

La funzione del motore è, per definizione, quella di trasformare l'energia elettrica fornita dalla batteria in movimento meccanico. A partire da questa definizione è utile comprendere quali siano le caratteristiche intrinseche del motore che possano in qualche modo influire sulla funzione appena descritta e, dunque, anche sulla funzione radice di partenza. È possibile effettuare, in merito, diverse ipotesi: si pensi, per esempio, alla dimensione che il motore ha, alla sua potenza o anche al peso e alla capacità di rispondere agli input che vengono dati.

Solo dopo aver definito tutte le caratteristiche del prodotto è possibile transitare nella fase chiamata "specifica di prodotto"; le caratteristiche, infatti, devono essere definite in modo tale da poter divenire elementi misurabili.

A questo punto verranno identificate tutte le specifiche di prodotto che insistono in una relazione di causa-effetto con la funzione componente: nel caso dell'esempio di riferimento, quello dell'autovettura, penseremo ai materiali utilizzati che possono certamente incidere sul peso finale del motore, così come la geometria utilizzata in fase di progettazione dal momento che la stessa avrà un impatto sullo spazio che lo stesso occupa all'interno dell'autovettura.

Seppur i ragionamenti qui riportati sono ragionamenti del tutto logici per poter effettuare una precisa analisi è importante che il prodotto da analizzare sia fermamente conosciuto da chi l'analisi la debba svolgere perché solo un'approfondita conoscenza può dar luogo ad un'analisi che tenga davvero conto di tutte le caratteristiche che appartengono al prodotto.

Le relazioni logiche emergenti riguardano, dunque, le

caratteristiche del prodotto, le funzioni di componente e quelle radice. Lo schema strutturale-funzionale da considerare è quello sotto riportato.

FR ← FC ← SP

L'insieme degli sviluppi strutturali-funzionali dell'autovettura e, di qualsiasi altro prodotto preso in considerazione, assume un preciso nome ovvero quello di "rete delle funzioni"; la rete, proprio per com'è costruita, a sua volta si estrinseca nel "diagramma funzionale", dopo riportato.

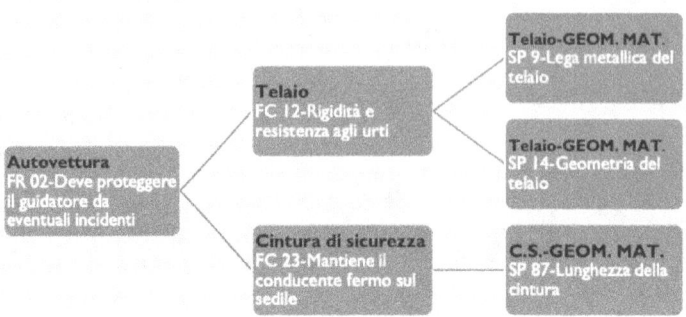

Il diagramma è estremamente utile a stabilire l'ordine con il quale i diversi passaggi logici debbano essere compiuti; il tutto è possibile grazie alla precedente analisi ed individuazione delle categorie funzionali precedentemente svolta.

Il processo-prodotto, invece, può essere rappresentato mediante l'impiego del cosiddetto "albero strutturale"; lo stesso ha la potenzialità di esprimere graficamente l'intero processo logico seguito dal momento che vengono esplicitate, all'interno dello stesso, tutte le funzioni che le diverse parti considerate hanno in virtù delle relazioni fisico-strutturali esistenti (non vengono considerate in questo caso le relazioni di funzione).

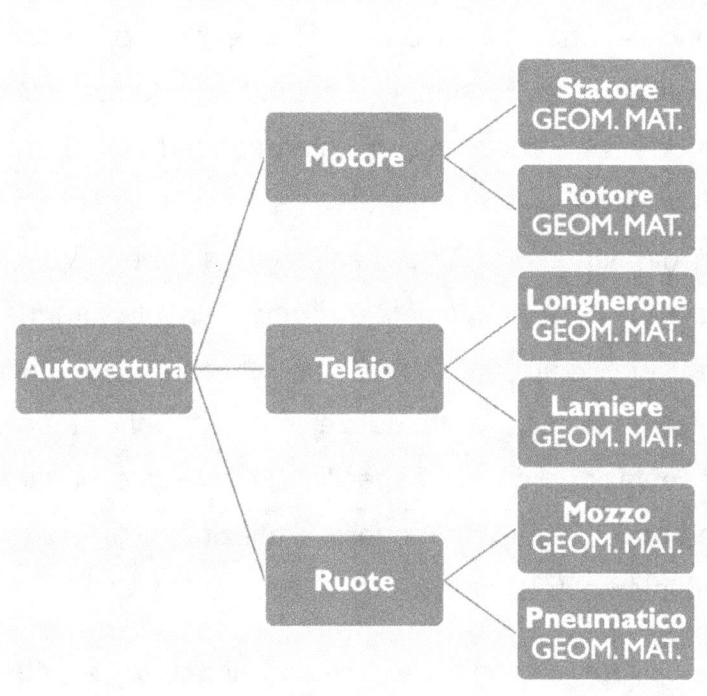

Conclusione

Il presente capitolo è stato dedicato alla spiegazione della logica induttiva e dei passaggi logici che il processo d'analisi dei rischi possiede. È importante comprendere le caratteristiche di quest'ultimo perché le stesse, come appunto il susseguirsi logico dei diversi passaggi, devono essere attentamente rispettate pena l'efficacia del processo intero.

Si è discusso della natura induttiva del processo che inizia ponendo l'attenzione su un particolare per poi espandersi sempre più verso il generale. L'approccio induttivo, sebbene venga da alcuni criticato, presenta importanti punti di forza: prima di tutto l'approccio induttivo si basa sull'osservazione diretta dei fenomeni o dei casi specifici. Ciò consente di considerare dettagli specifici e di analizzare le informazioni concrete presenti nella realtà. Successiva, permette di identificare pattern o tendenze ricorrenti che emergono dall'osservazione dei casi specifici. Questo può portare alla scoperta di nuovi modelli, relazioni o regolarità precedentemente sconosciuti.

Grazie all'applicazione del metodo induttivo e, dunque, l'osservazione dei casi specifici, è possibile formulare ipotesi o teorie più generali. Queste ipotesi possono poi essere sottoposte a ulteriori verifiche o test per stabilire la loro validità e generalità.

L'approccio induttivo si basa su dati empirici e sull'evidenza concreta; ciò rende il ragionamento induttivo un ragionamento solido e basato su fatti verificabili, che può essere replicato e sottoposto a verifica da parte di altri. L'approccio in questione, infine, è particolarmente utile per affrontare fenomeni complessi dove non è possibile ottenere una comprensione completa dei principi sottostanti fin dall'inizio.

Durante il processo d'analisi, come si è prima anticipato, ma si ripete vista la sua importanza, tutte le fasi sopra spiegate devono essere svolte in modo rigoroso e, soprattutto, seguendo l'ordine gerarchico riportato.

A conclusione della spiegazione teorica, è stato fornito un esempio pratico – quello dell'autovettura – così da spiegare meglio quanto accada in sede d'analisi dei rischi.

I guasti

Le operazioni fino a questo momento descritte sono estremamente importanti ai fini dell'individuazione dei possibili guasti e malfunzionamenti; questi ultimi, infatti, possono essere individuati ed analizzati solo nel momento in cui si è proceduto ad una corretta analisi di ciò che il prodotto è mediante l'albero strutturale e cosa lo stesso faccia, mediante il diagramma funzionale.

L'analisi procede prendendo in considerazione ogni funzione del prodotto così da poter comprendere, davvero, cosa in ognuna delle stesse potrebbe andar storto.

Ciò che deriva dall'analisi appena descritta è una casistica dei cosiddetti "guasti potenziali" ovvero, come dice lo stesso termine, quei guasti che potrebbero verificarsi. Questi ultimi vengono poi suddivisi in precise categorie e inseriti all'interno del diagramma funzionale in corrispondenza delle funzioni alle quali gli stessi potrebbero essere associati.

Ad essere più precisi per ogni funzione dovrebbero essere indicate più categorie di guasti potenziali, i quali differiscono fra loro in virtù della loro natura e anche rispetto alla funzione alla quale sono associati.

I guasti potenzialmente associati alla funzione radice

indicata con l'acronimo **FR** vengono chiamati "Conseguenza di guasto" e anche loro sono indicati con l'acronimo **CoG**; i guasti invece associati ad una funzione di componente (**FC**) vengono detti "Modalità di guasto" e sono generalmente indicati con l'acronimo "**MG**". Per concludere la casistica, i guasti associati ad una specifica caratteristica del prodotto o anche del processo vengono chiamati "Causa di guasto" e sono indicati con l'acronimo **CaG**.

In precedenza, nel corso dello scritto, si è fatto riferimento alle diverse relazioni di causa-effetto che possono sussistere tra le caratteristiche del prodotto e le sue funzioni; anche nel caso dei guasti vigono delle relazioni di causa effetto. In particolare la stessa si esprime nella seguente modalità.

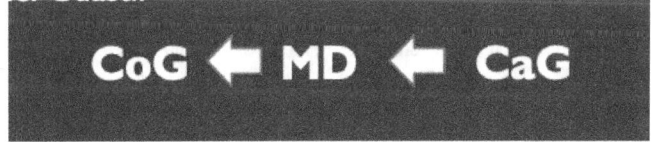

Le cause di guasto, le prime inserite all'interno dello schema sopra inserito, sono quelle che gettano le basi per le modalità di guasto che, a loro volta, generano le conseguenze di guasto (**CaG**).

In virtù della relazione di causa-effetto appena descritta, nel momento in cui viene identificata una causa di guasto è possibile, contemporaneamente, individuare le conseguenze e gli effetti che la stessa avrà sul prodotto e l'intero processo.

Effettuare l'analisi appena descritta è importantissimo cosi come lo è svolgerla nel modo corretto dal momento che dalla stessa dipenderanno tutte le azioni da mettere in campo al fine di prevenire e trattare i guasti.

Le reti delle quali si è parlato fino a questo momento ovvero quella funzione e quella dei guasti, proprio in virtù delle relazioni di causa-effetto che le governano, indicano quale sia la logica dell'analisi del rischio.

Come si è sostenuto anche in precedenza, svolgere tutti i processi elencati in modo corretto è fondamentale al fine di operare una corretta ed efficace analisi di rischio. Se non si ponesse la giusta attenzione al susseguirsi di tutti i processi logici indicati, infatti, potrebbero essere trascurate o, almeno, sottovalutate delle relazioni importantissime perché fautrici di potenziali guasti che si verificherebbero, poi, in una fase avanzata del ciclo di vita del prodotto. In questo caso, ribadisco, i costi per il trattamento dei guasti diventerebbe esponenziale.

Tutte le informazioni fornite sin qui sono davvero importanti ai fini della comprensione del metodo d'analisi in questione; altrettanto importante, però, è comprendere come debbano essere valutati i diversi parametri di rischio esistenti. La valutazione della quale si discorre non dovrà essere solo qualitativa ma anche quantitativa.

Il momento della valutazione è un momento estremamente delicato perché serve a comprendere non solo l'impatto del guasto sull'esperienza che il consumatore avrebbe ma anche sul prodotto stesso visto che ne potrebbe compromettere la corretta e sicura funzionalità.

È importante anche comprendere un altro parametro che è quello riferito alla frequenza con la quale tali guasti potrebbero potenzialmente verificarsi.

Il guasto può presentare diversi livelli di gravità; innanzitutto, si deve specificare che la gravità è considerata in base alle conseguenze che il cliente finale avrebbe se utilizzasse il prodotto e viene misurata su una scala che va da 1 a 10 compresi. Nel caso in cui non dovessero essere rilevati guasti o difetti il punteggio assegnato sarà pari a 1; si assegna valore 10 nel momento in cui il guasto rilevato è tale da compromettere il funzionamento dell'intero sistema e i rischi che ne deriverebbero per la sicurezza del cliente sarebbero alti. Preciso che, in realtà, il punteggio più alto, quello pari a 10 si ha nel momento in cui gli effetti del guasto sono gravissimi e senza preavviso. Nel caso di effetto gravissimo ma con preavviso il punteggio è di 9: si ha un guasto, in questo caso, che blocca il sistema, come detto anche per quello senza preavviso, e potrebbe compromettere la sicurezza del cliente ma il tutto accade comunque in tempi tali da permettere da parte di quest'ultimo una reazione.

Quando l'effetto del guasto è molto grave ovvero quando il sistema non è più in grado di funzionare – perché vengono meno le sue funzioni principali – il punteggio che viene assegnato è di 8; lo stesso è di 7, invece, quando il livello di gravità del guasto è tale che il sistema riesca comunque a funzionare nonostante la maggior parte delle sue funzioni non siano più accessibili.

Quando l'effetto del guasto è moderato il sistema è funzionante sebbene vi sia una evidente riduzione delle sue funzioni; nonostante il funzionamento del sistema sia garantito i clienti finali non ne rimangono soddisfatti: il punteggio assegnato è pari a 6. Quest'ultimo è di 5, invece, quando il sistema funziona e sebbene vi siano ancora delle riduzioni nelle sue funzioni queste sono decisamente meno rispetto al caso precedente. Nonostante questo, anche qui, i clienti finali non ne rimangono soddisfatti.

Il quartultimo punteggio – quello appunto pari a 4 – si riferisce ad un effetto del guasto molto basso: si tratta, infatti, di guasti di entità minore che non intaccano le funzioni principali del sistema. I clienti notano il difetto di funzionamento.

Il punteggio pari a 3 è assegnato ai guasti minori, a quelli che non intaccano il regolare svolgimento delle funzioni principali del sistema nonostante comunque i clienti ne vengano a conoscenza.

Quando il guasto è insignificante il livello di gravità ha un punteggio pari a 2; lo stesso viene assegnato nei casi in cui le principali funzioni del sistema non vengano intaccate.

Come si diceva in precedenza il livello pari a 1 viene assegnato quando vi è l'assenza di guasti ed eventuali effetti per i clienti finali.

Le valutazioni che devono essere svolte per l'assegnazione dei punteggi appena descritti dev'essere effettuata con cognizione di causa; è importante, infatti, che chi si occupi di procedere a tale analisi segua rigorosamente i criteri indicati perché un'eventuale valutazione inesatta potrebbe anche mettere in pericolo la sicurezza del cliente finale.

L'analisi necessaria allo svolgimento della valutazione non è sempre facile anche perché si incorre anche nell'ambiguità, talvolta; proprio per questo motivo si consiglia di utilizzare delle linee guida che possano essere utilizzate ogni qualvolta ve ne sia la necessità in merito alle operazioni di valutazione.

Riprendendo l'esempio dell'autovettura utilizzato per spiegare le diverse fasi del processo d'analisi, è possibile ipotizzare che la stessa presenti un guasto a causa del quale il finestrino di una portiera non può essere alzato totalmente.

Come ben si comprende dalla situazione brevemente descritta il sistema, complessivamente, è funzionante dal momento che, comunque, il finestrino può essere alzato e abbassato. È certo, però, che non potendolo alzare completamente sia necessario registrare una riduzione delle sue funzionalità. I clienti non potrebbero non accorgersi del guasto esistente; il punteggio assegnato è dunque di cinque ovvero quello che corrisponde ad un effetto del guasto basso.

Il punteggio cambierebbe, in virtù di una diversa stima dell'entità del guasto, nel caso in cui quest'ultimo si riferisse ad un malfunzionamento del tachimetro tale per cui la velocità registrata è leggermente maggiore rispetto a quella effettivamente tenuta dall'autovettura. In questo caso il livello di gravità assegnato è pari a due ovvero ad un effetto del guasto insignificante; il guasto non coinvolge, infatti, le principali funzioni del sistema e solo i clienti più attenti potrebbero accorgersi del difetto.

Un esempio emblematico riferito al livello di gravità pari a 10 è quello del **Galaxy Note 7** del 2016, esempio che si riferisce a fatti realmente accaduti. La batteria dello smartphone era soggetta alla combustione, a causa di un guasto. Quest'ultimo dal momento che prevedeva la distruzione dell'intero sistema ed anche un pericolo per la sicurezza dei clienti è stato valutato come gravissimo, senza preavviso. Il guasto, infatti, in virtù delle sue caratteristiche bloccava l'intero sistema e intaccava, senza che il cliente potesse far qualcosa – senza preavviso – la sua sicurezza. Si comprende senza che siano necessarie ulteriori precisazioni la gravità dell'accaduto tant'è che la stessa azienda fu costretta a ritirare il prodotto e a procedere con il rimborso degli acquirenti.

È molto importante, visti gli effetti dannosi che tali eventi hanno, che i rischi vengano valutati preventivamente ed attentamente dal team di riferimento; quest'ultimo deve anche occuparsi di stimare la frequenza dei possibili guasti e non solo la loro eventuale presenza.

Anche la valutazione della frequenza è soggetta a parametri ben specifici, compresi in una scala che oscilla fra 1 e 10.

La probabilità che un prodotto possa presentare un guasto è calcolata in virtù del "tasso di guasto".

I responsabili dell'ufficio in oggetto dovrebbero occuparsi anche di effettuare un'analisi relativa all'affidabilità del prodotto. Tale operazione può rivelarsi particolarmente complessa nel momento in cui si sta procedendo per la prima volta alla valutazione del prodotto e non esistono degli storici in merito. È il caso delle valutazioni che vengono effettuate nel momento in cui il prodotto si trova ancora in fase di design e, dunque, non è stato effettivamente realizzato.

Potrebbe essere d'aiuto per chi le indagini e le valutazioni le debba svolgere considerare prodotti similari a quello per il quale si sta procedendo all'analisi; in questo caso, infatti, potrebbero essere individuate le modifiche effettuate e cercare di comprendere se ed eventualmente come potrebbero essere applicate al prodotto in esame. Se fra due prodotti di cui uno è l'evoluzione dell'altro non sono intercorsi cambiamenti estremamente significativi è possibile che le probabilità di guasto siano simili. Se invece l'analisi riguarda dei prodotti che sono stati provati già in precedenza allora si farà riferimento alle schede di valutazione prodotte precedentemente.

Probabilità di guasto	Tasso di guasto	Indice
Molto alta: il guasto è in pratica inevitabile	≥ 1 su 2 1 su 3	10 9
Alta: guasti ripetitivi già rilevati su progetti precedenti	1 su 8 1 su 20	8 7
Moderata: guasti occasionali	1 su 80 1 su 400 1 su 2000	6 5 4
Bassa: progetti precedenti hanno dato luogo ad un relativamente basso numero di guasti	1 su 15000 1 su 150000	3 2
Remota: la probabilità che avvenga un guasto è pressoché nulla	<1 su 1500000	1

La tabella appena riportata contiene al suo interno tutti quei parametri che vengono presi in considerazione nel momento in cui si debba stabilire la probabilità di guasto. È ovvio che questi valori possano non corrispondere esattamente a tutti i prodotti per i quali si voglia operare la valutazione e che possano essere assegnati a questi ultimi dei valori ancor più rappresentativi.

Nonostante esistano tali riferimenti numerici – quelli inseriti nella tabella – non è comunque detto che chi debba assegnare i punteggi non possa cadere nella trappola della soggettività; è possibile, infatti, che due persone, nonostante gli uguali riferimenti, decidano di attribuire valori di occorrenza differenti. Con questo termine, occorrenza, si vuol far riferimento ad una "probabilità condizionata" ovvero a quella probabilità che l'evento si verifichi nonostante la presenza di un'azione preventiva.

Per ovviare al problema della soggettività è necessario, dunque, far sempre riferimento alle regole in base alle quali tali punteggi dovrebbero essere attribuiti; l'ideale è affidarsi alle valutazioni che abbiano quale fondamento la matematica.

Bisognerebbe stabilire, prima di ogni altra cosa, quali parametri debbano essere utilizzati per indicare l'occorrenza; il suggerimento è quello di individuare i parametri che appaiono essere i più ragionevoli fra quelli esistenti.

Se, per esempio, si decide di individuare quattro parametri mediante i quali esprimere l'occorrenza di una causa di guasto avremo:

- **P1: "Gestibilità tecnica della causa di guasto";**
- **P2: "Registro qualitativo della causa di guasto";**
- **P3: "Efficacia dell'azione preventiva";**
- **P4: Attuabilità dell'azione preventiva.**

Ogni parametro, a sua volta, prevede tre possibili stati; questi ultimi sono di natura quantitativa e qualitativa.

	3	2	1
Gestibilità tecnica della causa di guasto	La causa è difficile da gestire per Design	La causa è gestibile con fatica	La causa è facilmente gestibile per Design
Registro qualitativo della causa di guasto	La causa è nuova/non è stata ancora documentata	La causa è documentata ma problematica	La causa è ben documentata/è conosciuta
Efficacia dell'azione preventiva	L'azione preventiva è debole	L'azione preventiva è abbastanza efficace	L'azione preventiva è molto efficace
Attuabilità tecnica dell'azione preventiva	L'azione è tecnicamente difficile da attuare	L'azione può essere tecnicamente implementata, ma risulta problematico	L'azione è tecnicamente facile da attuare

In virtù di quanto espresso nella tabella appena sopra riportata ad 1 corrisponde "Buono" e a 3 "Cattivo"; per ogni parametro devono essere assegnati dei valori. Stando all'esempio prima espresso si otterranno 4 valori così indicati.

Prodotto/Design	Valutazione
Gestibilità tecnica della causa di guasto	3
Registro qualitativo della causa di guasto	1
Efficacia dell'azione preventiva	2
Attuabilità tecnica dell'azione preventiva	1

Dal vettore ottenuto [p= (3,1,2,1)] dev'essere estratto quel valore capace di indicare l'occorrenza. I metodi da poter utilizzare, in questo caso, sono molteplici, ma per ragioni didattiche e per non generare confusione verrà proposto quello che meglio è in grado di spiegare il processo che dev'essere compiuto.

Per poter ricavare il valore dell'occorrenza dal vettore in

esame è utile prendere in considerazione la funzione lineare che ne esprima il valore medio. La funzione si presenta in questo modo:

$$\mu(\vec{p}) = \frac{1}{4}\sum_{i=1}^{4} p_i$$

Nel momento in cui tale funzione viene applicata all'esempio di riferimento si ha che:

$$\mu(\vec{p}) = \frac{1}{4}(3 + 1 + 2 + 1) = 1,75$$

Il valore ottenuto, seppur singolo, è dato da un vettore costituito da quattro componenti. Ad essere supposto dev'essere il valore migliore rispetto a tutti quelli in proprio possesso. Nell'esempio il miglior valore corrisponde ad 1 pertanto p = (1,1,1,1).

PRODOTTO/DESIGN	VALUTAZIONE
Gestibilità tecnica della causa di guasto	1
Registro qualitativo della causa di guasto	1
Efficacia dell'azione preventiva	1
Attuabilità tecnica dell'azione preventiva	1

Nel caso in cui si supponga il valore peggiore di tutti si avrà un vettore p = (3,3,3,3).

PRODOTTO/DESIGN	VALUTAZIONE
Gestibilità tecnica della causa di guasto	3
Registro qualitativo della causa di guasto	3
Efficacia dell'azione preventiva	3
Attuabilità tecnica dell'azione preventiva	3

Affinché tutte le misure finora espresse siano compatibili fra loro è importante assicurarsi che determinati valori vengano trasformati; in questo modo il valore individuato, compreso tra 1 e 3, potrà essere utilizzato nell'ambito del range 1-10 di cui prima si parlava.

Il compito di trasformare tali dati spetta al team che si occupa dell'analisi; solitamente si procede ad una trasformazione di tipo lineare e diretto.

Poi, per far sì che la valutazione del livello di occorrenza sia corretta è necessario prendere in considerazione più metriche di valutazione. È possibile, infatti, a seconda della complessità che i prodotti presentano che questi ultimi abbiano bisogno di più metriche. Dall'analisi si potranno valutare due metriche: quella dal valore medio ed anche quella dal valore medio con bias.

L'aggiunta dell'ultimo valore menzionato fa sì che si possa valutare la qualità della situazione oggetto d'esame in virtù del massimo valore che si è ottenuto rispetto agli input e alle media degli stessi.

Nel caso migliore di tutti il vettore si presenta come di seguito.

$$\vec{p} = (1,1,1,1)$$

Il valore medio con bias del vettore appena presentato è pari a:

$$\tau(\vec{p}) = \frac{\sqrt{(1-1)^2 + (1-1)^2}}{2\sqrt{2}} = 0$$

Da quanto riportato si evince che il caso migliore è quello in cui il valore medio con bias è 0.

PRODOTTO/DESIGN	VALUTAZIONE
Gestibilità tecnica della causa di guasto	1
Registro qualitativo della causa di guasto	1
Efficacia dell'azione preventiva	1
Attuabilità tecnica dell'azione preventiva	1

Per correttezza, riporto anche il caso peggiore di tutti che è quello in cui il vettore è come riportato.

$$\bar{p} = (3,3,3,3)$$

Il vettore appena riportato possiede un valore medio con bias pari a 1.

$$\tau(\vec{p}) = \frac{\sqrt{(3-1)^2 + (3-1)^2}}{2\sqrt{2}} = 1$$

Le metriche ottenute e delle quali si è parlato fino a questo momento devono essere bilanciate. Tale operazione dev'essere svolta al fine di garantire una valutazione finale quanto più corretta possibile.

Le metriche rendono i valori di occorrenza anche in base ai parametri relativi agli input o, in virtù dei diversi metodi che possono essere impiegati per l'analisi di questi ultimi.

Ecco che, come conseguenza di quanto ho appena detto, potrebbe verificarsi che vi sia una metrica dal peso maggiore rispetto all'altro nella determinazione della valutazione finale e, questo, non sarebbe corretto.

È possibile, inoltre, che alcune metriche possano rendere dei valori maggiori o minori sulla base della natura dei processi di calcolo sui quali si basano; negli esempi sopra riportati si può infatti osservare che i valori medi sono meno pesanti rispetto a quelli medi con bias.

Per i motivi appena descritti, ad ogni metrica si associa un coefficiente il cui compito è quello di indicare quanta rilevanza abbia quel valore rispetto al calcolo finale dell'occorrenza.

Il metodo matematico: quando conviene e quando no

L'utilizzo dell'approccio matematico risulta indicato laddove si voglia circoscrivere quanto più possibile la soggettività e si vogliano effettuare le procedure di calcolo in modo ripetibile e preciso.

Applicando il metodo matematico si può certamente contare sulla cosiddetta "velocità decisionale"; il team che si occupa di tali operazioni, infatti, dovrà occuparsi degli stati dei parametri che, già in partenza, risultano essere chiaramente selezionabili. Dopo aver definito quali parametri considerare e quali metriche identificare, la procedura è snella, veloce ed efficiente.

Volendo effettuare una considerazione più generale sul metodo matematico, lo stesso viene delle volte prediletto in virtù dei suoi punti di forza; in generale, viene scelto quando vi sono problemi di natura quantitativa dal momento che questi richiedono calcoli numerici, manipolazioni di formule matematiche e analisi dei dati quantitativa (problemi di statistica, calcolo, albegra, geometria o fisica possono essere efficacemente affrontati mediante l'applicazione del metodo matematico). Il metodo in questione, fra l'altro, offre un approccio sistematico per modellare e analizzare sistemi complessi. Attraverso l'uso di equazioni, modelli matematici e simulazioni, è possibile studiare il comportamento di sistemi complessi, come ad esempio i sistemi economici, i flussi di traffico, i sistemi di produzione, le reti di comunicazione. Il metodo matematico è ampiamente utilizzato per problemi di ottimizzazione, in cui si cerca di trovare la soluzione migliore tra un insieme di alternative. Questo può includere l'ottimizzazione di funzioni, la programmazione lineare o non lineare, la ricerca di massimi o minimi, la pianificazione delle risorse; l'approccio risulta essere fondamentale anche per l'analisi dei dati e l'interpretazione dei risultati statistici mediante l'applicazione di metodi statistici, analisi dei dati multivariati o l'analisi delle serie storiche. Infine, il metodo matematico è essenziale per la formalizzazione di teorie e dimostrazioni nel campo della matematica e della logica. Attraverso la definizione rigorosa di concetti, la formulazione di teoremi e le dimostrazioni basate su regole matematiche, è possibile stabilire risultati matematici e sviluppare nuovi risultati o teorie.

Il metodo matematico può essere utilizzato per analizzare le relazioni causa-effetto tra variabili o fenomeni. Attraverso l'uso di modelli matematici, regressione o analisi delle correlazioni, è possibile valutare l'impatto di una variabile su un'altra e identificare le relazioni causali.

Come è stato sostenuto anche in precedenza, però, il metodo matematico presenta anche dei punti di debolezza. Proprio in virtù di questi ultimi non è sempre opportuno sceglierlo o, meglio, preferirlo rispetto al metodo classico. Il metodo matematico, in effetti, è parecchio complesso pertanto potrebbe risultare quasi eccessivo applicarlo in quelle situazioni che invece sono particolarmente facili da affrontare. La complessità è data dal fatto che vi sono dei precisi calcoli che devono essere effettuati caso per caso, ma anche dal fatto che non è così semplice selezionare le metriche coerenti ed idonee al metodo matematico. Fra gli altri punti di debolezza, poi, si trovano:

- Le assunzioni semplificative: il metodo matematico spesso si basa su una serie di assunzioni semplificative per rendere i problemi più gestibili e trattabili. Queste assunzioni potrebbero, però, non riflettere completamente la complessità del mondo reale, portando a risultati limitati o non rappresentativi;

- La dipendenza dei dati da input: i risultati ottenuti attraverso il metodo matematico dipendono strettamente dalla qualità e dalla precisione dei dati di input utilizzati. Se i dati sono incompleti, inaffidabili o errati, ciò può influenzare la validità sia dei risultati che delle conclusioni;
- La limitazione della modellazione: la modellazione matematica può incontrare limitazioni nel rappresentare accuratamente fenomeni complessi o situazioni reali. Spesso, i modelli matematici semplificano la realtà e possono mancare di considerare variabili o fattori rilevanti che possono influenzare i risultati;
- L'interpretazione dei risultati: l'interpretazione dei risultati ottenuti attraverso il metodo matematico può richiedere un'adeguata comprensione dei principi matematici e delle loro implicazioni nel contesto specifico del problema. Un'interpretazione errata o non appropriata dei risultati può portare a decisioni errate o a conclusioni fuorvianti;
- I limiti delle dimostrazioni formali: nell'ambito della matematica e della logica le dimostrazioni formali richiedono rigore e precisione; questo può limitare la

capacità di affrontare problemi complessi o di considerare aspetti non completamente formalizzabili;
- La mancanza di flessibilità: il metodo matematico può essere limitato nella sua capacità di adattarsi a situazioni complesse o in evoluzione. Può essere difficile incorporare cambiamenti o adattare il modello matematico in modo rapido ed efficiente per affrontare nuove sfide o scenari imprevisti;
- Le limitazioni nella gestione dell'incertezza: il metodo matematico spesso assume che tutte le variabili e i parametri siano noti e fissi. Tuttavia, nella realtà, spesso ci sono incertezze o fluttuazioni nei dati o nelle relazioni. La gestione dell'incertezza può risultare complessa o richiedere l'uso di metodi aggiuntivi, come l'analisi dei rischi o l'incorporazione di tecniche di previsione.

Rilevabilità di una causa di guasto

I guasti si verificano dopo l'eventuale attuazione delle cosiddette "misure preventive". Nonostante questo è però possibile evitare che il guasto giunga sino al prodotto finale. Questo dipende dal momento in cui ci si rende conto della presenza di un guasto; rendersene in conto in tempo significa evitare che il prodotto guasto arrivi al consumatore finale, portando con sé anche eventuali rischi per la sua incolumità o, comunque, un malcontento.

È importante, dunque, per il motivo appena enunciato riuscire ad identificare i guasti tempestivamente. Questo compito spetta al team addetto alle operazioni di analisi: lo stesso dovrà valutare, assegnando un punteggio compreso tra 1 e 10, la potenziale causa del guasto ed anche la modalità mediante la quale tale guasto si è manifestata.

Innanzitutto, affinché il guasto possa essere effettivamente rilevato è necessario che vengano attuati dei precisi sistemi di controllo dell'intero processo di produzione del prodotto. I sistemi di controllo, solitamente, sono inseriti già all'interno del processo di produzione, ma qualora dovesse essere necessario possono esserne inseriti di altri. Questi ultimi potrebbero avere, per esempio, dei compiti specifici in base a ciò che si intende sottoporre all'analisi.

FMEA

Il livello di rilevabilità dei guasti viene assegnato facendo riferimento ad una specifica tabella che è quella prevista dal metodo FMEA che sotto si riporta.

Rilevabilità	Criterio di valutazione	Indice
Impossibile	I controlli di progetto esistenti non sono in grado di rilevare potenziali cause o conseguenti modi di guasto; oppure mancano controlli in progettazione.	10
Molto remota	Capacità molto remota dei controlli di progetto esistenti nel rilevare potenziali cause o conseguenti modi di guasto	9
Remota	Capacità remota dei controlli di progetto esistenti nel rilevare potenziali cause di guasto	8
Molto bassa	Capacità molto bassa dei controlli di progetto esistenti nel rilevare potenziali cause o conseguenti modi di guasto	7

Rilevabilità	Criterio di valutazione	Indice
Bassa	Capacità bassa dei controlli di progetto esistenti nel rilevare potenziali cause o conseguenti modi di guasto	6
Media	Capacità media dei controlli di progetto esistenti nel rilevare potenziali cause o conseguenti modi di guasto	5
Abbastanza alta	Capacità abbastanza alta dei controlli di progetto esistenti nel rilevare potenziali cause di guasto	4
Alta	Capacità alta dei controlli di progetto esistenti nel rilevare potenziali cause o conseguenti modi di guasto	3

FMEA

Rilevabilità	Criterio di valutazione	Indice
Molto alta	Capacità molto alta dei controlli di progetto esistenti nel rilevare potenziali cause o conseguenti modi di guasto	2
Certa	I controlli di progettazione esistenti sicuramente rileveranno potenziali cause o conseguenti modi di guasto	1

Per valutare la rilevabilità è necessario prendere in considerazione la causa del guasto o il modo del guasto; fatto questo si passa alla valutazione di come la causa o la modalità vengano rilevati dai sistemi di controllo esistenti.

Sulla base di quanto indicato in tabella, poi, vengono assegnati, da parte degli esperti del team di cui prima parlavo, i punteggi adeguati rispetto alla rilevabilità del guasto.

In tutto questo processo è molto importante prendere in considerazione se, quanto e come sia possibile rendere effettiva la rilevazione perché, in alcuni casi, quest'ultima è resa impossibile a causa della mancanza di sistemi di controllo adeguati.

Prendendo in considerazione sempre lo stesso esempio, immaginiamo che la causa del guasto sia la verniciatura che presenta delle imperfezioni. Il controllo effettuato in fase di produzione è stato un'ispezione della verniciatura. Il controllo effettuato viene considerato in grado di rilevare, con certezza, il guasto. Prendendo in considerazione la tabella del metodo **FMEA** la rilevabilità è certa.

Considerando lo stesso esempio, prendiamo in esame una causa differente ovvero quella del servosterzo che, da un momento all'altro, non funziona più. In questo caso il controllo effettuato è un'ispezione volta alla verifica del corretto funzionamento del servosterzo. Il controllo in esame non risulta essere affidabile nella ricerca del guasto tant'è che stando alla tabella FMEA la rilevabilità risulta essere "molto remota".

Vi sono anche casi in cui la rilevabilità risulta essere impossibile: prendiamo in considerazione lo stesso esempio fatto fino ad adesso con causa di guasto la centralina che non funziona più. Il controllo non è stato effettuato perché la componente in esame è nuova. Ecco che in questo caso rilevare la causa del guasto della centralina è impossibile.

Come anticipavo in precedenza è possibile che, durante le verifiche, emerga che non vi sia un adeguato sistema di controllo; tale eventualità si verifica soprattutto quando nuovi componenti vengono aggiunti al design precedente. In questo caso ciò che bisogna fare è ideare un metodo di controllo che possa essere efficace così da non dover utilizzare il valore della tabella "impossibile".

Nel caso in cui la causa di guasto possegga valori alti di rilevabilità e dunque risulti difficile da rilevare le cause possono essere due: è possibile che tale difficoltà derivi dalla natura del guasto oppure dalla bassa efficacia dei sistemi di controllo.

Nel primo caso è possibile definire un metodo di controllo specifico così che la possibilità di rilevare il guasto sia più probabile; un'altra possibile soluzione, sempre in questo caso, è quella di controllare tutti i parametri che, in un modo o nell'altro, risultano essere connessi al guasto preso in considerazione in modo tale da avere la possibilità di identificare un valore di rilevabilità diretta che possa essere definito come accettabile.

Nel secondo caso, quello della scarsa efficacia dei sistemi di controllo, è possibile che si crei la situazione per la quale sia possibile rilevare il guasto, ma gli stessi sistemi non siano effettivamente affidabili nel caso in cui non vengano utilizzati in modo corretto.

Da definizione, ogni causa di guasto, infatti, potrebbe volere degli accorgimenti specifici; all'aumentare dell'efficacia dei controlli diminuisce il rischio che questi ultimi possano essere sostituiti.

Conclusione

Il capitolo interamente dedicato ai guasti si è appena concluso con la descrizione dei sistemi di controllo; nel corso dello scritto sono stati diversi i temi affrontati, ma si è proceduto, prima di tutto, a ricordare che l'analisi dei rischi è possibile e, soprattutto, efficace solo nel momento in cui si è ben compreso, mediante l'albero strutturale, ciò che è il prodotto e cosa lo stesso faccia, mediante il diagramma funzionale. Si è discusso anche dei cosiddetti "guasti potenziali" ovvero quei guasti che potrebbero verificarsi; sono state fornite le diverse indicazioni relative a questi ultimi a seconda della funzione alla quale potrebbero eventualmente essere associati. Sempre in tema di guasti, poi, si è deciso di porre l'attenzione a temi come la gravità del guasto – con i relativi punteggi e spiegazioni di cosa possa accadere nel caso in cui il guasto sia assente o al caso contrario, totale – gli effetti del guasto, la probabilità di guasto.

L'ultima parte del capitolo è stata poi dedicata all'occorrenza, all'analisi matematica semplificata, spiegando, in quest'ultimo caso, quando il metodo matematico conviene utilizzarlo e quando no. Si è concluso il capitolo, poi, con il tema della rilevabilità dei guasti e dei sistemi di controllo, ricordando che questi ultimi, solitamente, sono intrinseci al sistema di produzione dei prodotti e che possono essere più o meno efficaci alla rilevazione dei guasti, ma che qualora non dovessero esserci possono essere accuratamente integrati.

Il rischio

Nel corso della scrittura sono stati fino ad adesso presentati i tre principali valori di valutazione del rischio che sono, rispettivamente: la gravità di guasto, la probabilità di guasto e la rilevabilità di guasto.

Si è visto, anche, come definire i parametri mediante i quali è possibile valutare i rischi associati ad uno specifico Design, così da analizzare le possibili cause di guasto individuate. Queste cause, se inserite all'interno del processo d'analisi, acquisiscono un valore molto importante, ma se considerate individualmente non sono in grado di fornire un'accurata prospettiva sul rischio finale.

È possibile, infatti, che una causa di guasto anche molto grave non comporti un rischio altrettanto grave, se gli altri parametri lo consentono.

Com'è stato solito fare durante le precedenti spiegazioni, anche in questo caso si fornirà un esempio pratico. L'esempio utilizzato sarà sempre quello dell'autovettura.

In particolare, la causa di guasto in esame è associata all'impianto frenante: le pinze non rispondono ai comandi. A questo punto si deve far riferimento ai tre parametri di rischio considerati fino a questo momento e, dunque:

- Gravità: gravissimo senza preavviso;
- Probabilità: remota;
- Rilevabilità: certa.

Bisogna chiedersi, giunti a questo punto dell'analisi, come si possa valutare il rischio della causa di guasto in esame. L'esempio appena proposto è indicativo e rappresentativo dell'eventualità prima riportata. Le conseguenze del guasto sono potenzialmente gravissime, ma la probabilità che lo stesso si verifichi è pressoché remota e, comunque, verrebbe certamente rilevata dai sistemi di controllo esistenti.

Ecco che il rischio associato diviene basso poiché il prodotto finale, nonostante le conseguenze del rischio siano elevate, ne presenterà uno ridotto.

Attraverso questo esempio è stato possibile dimostrare che una causa di guasto che all'apparenza risulta essere gravissima, da sola, non è sufficiente a determinato un livello di rischio altrettanto grave. È sempre opportuno, dunque, procedere alla valutazione di tutti i parametri di cui si è venuti a conoscenza con la lettura sin qui effettuata.

Per meglio comprendere il discorso si propone un ulteriore

esempio. In questo caso si immagini che la causa di guasto è il finestrino che non si chiude completamente – questo esempio è stato anche prima riportato nel testo. I parametri da considerare sono i seguenti:

- Gravità: basso;
- Probabilità: molto alta;
- Rilevabilità: molto remota.

Al contrario dell'esempio precedente, in questo caso la gravità del guasto è basso ma la probabilità che si verifichi è molto alta, data inoltre la rilevabilità molto remota. Dalla valutazione generale dei parametri appena discussi si evince che il rischio associato alla causa di guasto in esame è molto alto. A spingere verso questa tipologia di valutazione sono due parametri: la probabilità che il guasto si verifichi e la sua rilevabilità.

Ecco che, nel caso in esame, è stato dimostrato come un guasto le cui conseguenze sono moderate può generare un rischio elevato.

Si ricorda anche in questa sede, che la valutazione del rischio, quando all'interno del processo vi è la soggettività, non è sempre un'operazione semplice, anzi. Ecco che, per ovviare al problema e cercare di effettuare meno errori possibili, si procede all'utilizzo di un parametro matematico il cui obiettivo è quello di determinare in modo oggettivo e coerente quale sia il rischio associato alle cause di guasto esaminate.

Risk Priority Number (Indice di Priorità di rischio)

Con l'acronimo **IPR** si fa riferimento all'Indice Priorità di Rischio. L'indice di priorità del rischio, noto anche come indice di gravità, priorità e occorrenza (FMEA - Failure Mode and Effects Analysis), è un metodo utilizzato per valutare e classificare i potenziali guasti o difetti di un processo o di un prodotto. Viene spesso utilizzato nell'ambito dell'ingegneria, della gestione della qualità e della gestione del rischio per identificare i potenziali problemi e stabilire le azioni correttive necessarie.

L'indice di priorità del rischio viene calcolato moltiplicando tre fattori:

1. Gravità (Severity): valuta la gravità dell'effetto o della conseguenza che potrebbe verificarsi a causa di un guasto o di un difetto. Questo fattore viene

solitamente valutato su una scala numerica da 1 a 10, dove 1 rappresenta un impatto minimo e 10 un impatto molto grave;

2. Occorrenza (Occurrence): valuta la probabilità che il guasto o il difetto si verifichi. Anche in questo caso viene utilizzata una scala numerica da 1 a 10, dove 1 rappresenta una bassa probabilità e 10 una probabilità molto alta;

3. Rilevabilità (Detection): valuta la capacità di rilevare o individuare il guasto o il difetto prima che possa causare un danno significativo. Anche in questo caso viene utilizzata una scala numerica da 1 a 10, dove 1 rappresenta una rilevabilità molto alta e 10 una rilevabilità molto bassa.

Il prodotto finale dell'indice di priorità del rischio viene calcolato moltiplicando i valori ottenuti per i tre fattori sopra menzionati, secondo la seguente formula:

$$IPR = P \times G \times R$$

L'indice di priorità del rischio può essere utilizzato per classificare i potenziali guasti o difetti in base alla loro criticità e priorità, consentendo alle organizzazioni di concentrare le risorse sulle aree di maggior rischio e di attuare azioni preventive o correttive tempestive.

I valori dell'**IPR,** per poter essere efficacemente utilizzati, devono essere suddivisi in categorie sia dal punto di vista qualitativo che quantitativo; in questo modo è possibile utilizzare i valori emersi come veri e propri strumenti in sede di valutazione del rischio e di ottimizzazione dello stesso.

La valutazione di cui si discute dev'essere condotta in modo rigoroso prendendo sempre in considerare del Design che si intende sottoporre all'analisi.

Si precisa che i valori assoluti dell'Indice potrebbero essere fuorvianti e anche inadatti alle valutazioni; proprio per questo motivo è sconsigliabile prendere in considerazione solo ed esclusivamente questo parametro in sede di valutazione anche perché una soglia di intervento che si basa solo sullo stesso potrebbe essere rigida (visto che anche con condizioni estremamente diverse si potrebbero avere valori **IPR** uguali).

Per valutare correttamente l'Indice si ritiene opportuno individuare e definire delle specifiche categorie qualitative in virtù dei valori ottenuti. Il metodo appena descritto non è solo più semplice ma anche molto intuitivo pertanto più comodo all'applicazione ai casi semplici nei quali le analisi da effettuare lo sono altrettanto.

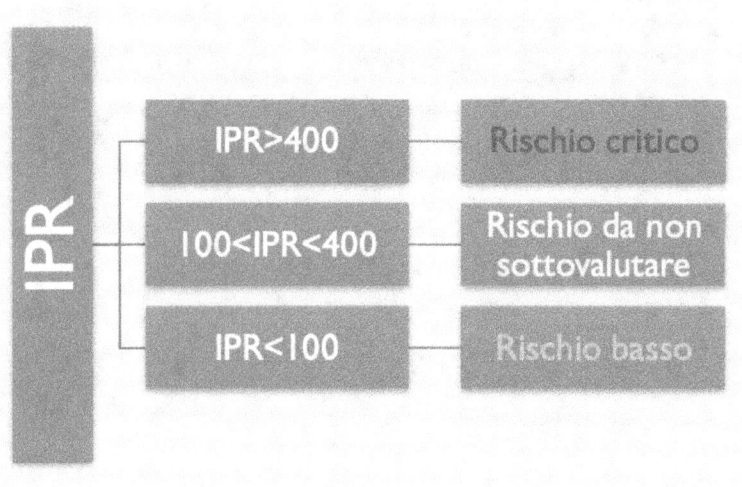

Per essere ancor più precisi è possibile effettuare anche un'ulteriore aggiunta a quanto detto sopra; è possibile aggiungere, infatti, nelle situazioni nelle quali si intende definire quale sia il valore massimo di tollerabilità per ognuna dele metriche, una precisa soglia di queste ultime.

Definendo come soglia l'8, per esempio, si ha che tutte le cause di guasto che rendono una metrica con un valore che sia superiore all'8 vengono considerate, in modo automatico, come "Rischio Critico".

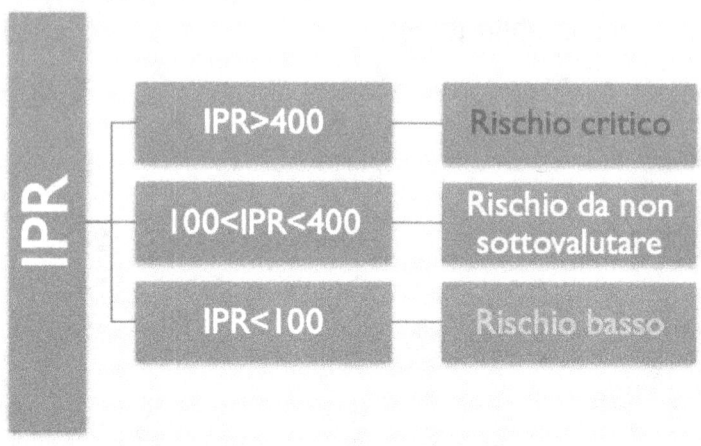

Con $(P, G, R) \in (0, 8)$

Si è compreso, dunque, che il metodo di valutazione dell'Indice del quale si discute dipende dalle necessità relative allo specifico prodotto; devono essere valutati, caso per caso, i valori accettabili e le relative condizioni nelle quali gli stessi si verificano.

È anche utile definire una "tollerabilità" così da poter distinguere ancor più agilmente quali siano i valori accettabili e quelli che, al contrario, non lo sono affatto.

Il metodo utilizzato comporterà, a sua volta, delle soglie di tollerabilità e, queste, devono essere tenute in considerazione nel momento in cui si procede alla definizione dello stesso.

La matrice di rischio

La matrice di rischio, chiamata anche "Matrice di ottimizzazione" rappresenta uno degli strumenti più utilizzati in fase di valutazione del rischio. Si tratta di quello strumento visivo atto a rappresentare e valutare il rischio associato a diverse situazioni o eventi. È sostanzialmente una tabella che incrocia due dimensioni del rischio, di solito la gravità e la probabilità, per identificare il livello di rischio complessivo.

La matrice di rischio consente di classificare i rischi in base alla loro importanza relativa e di prendere decisioni sulla gestione dei rischi in modo più informato. La matrice è utilizzata soprattutto quando le cause di guasto in esame sono molte.

I componenti tipici di una matrice sono solitamente tre:

- Asse delle X o asse orizzontale: rappresenta di solito la probabilità di occorrenza di un evento indesiderato o di un potenziale guasto. La probabilità può essere valutata in modo qualitativo o quantitativo, utilizzando

scale come "bassa", "media" e "alta" o valori numerici come percentuali;
- Asse delle Y o asse verticale: rappresenta di solito la gravità o l'impatto dell'evento indesiderato o del guasto. Anche in questo caso, la gravità può essere valutata su una scala qualitativa o quantitativa, che può variare da "lieve" a "grave" o utilizzare valori numerici;
- Celle della matrice: le celle corrispondenti all'intersezione tra la probabilità e la gravità rappresentano il livello di rischio complessivo. Queste celle vengono spesso colorate o etichettate con codici per indicare il livello di rischio, ad esempio "basso", "medio" e "alto.

Risk Matrix		Impact		
	Minor	Moderate	Major	Critical
76-100%	0	0	0	2
51-75%	2	0	5	0
26-50%	0	3	0	0
0-25%	1	12	0	0

Likelihood (asse verticale)

All'interno della matrice, come si diceva poco fa, è possibile osservare una suddivisione in zone di pericolosità. Le celle presentano colori differenti proprio perché, in virtù della combinazione dei parametri, esprimono un livello di rischio differente.

Con il colore verde sono colorate le celle che indicano un rischio accettabile; con il colore giallo, invece, sono indicate le celle con un rischio emergente ed infine con il colore rosso le celle con rischio inaccettabile.

Quando si decide di utilizzare la matrice proposta come strumenti di valutazione, ogni modulo può essere sottoposto all'analisi valutativa prendendo in considerazione la combinazione dei valori GxP.

Mediante la combinazione dei valori è possibile comprendere, grazie al diverso colore delle celle, quali siano i rischi da considerare e quali, invece, quelli che risultano essere trascurabili.

È giunto il momento di considerare come una matrice di rischio possa essere costruita; è necessario, prima di procedere, però, indicare che nell'applicazione della stessa, in relazione al metodo **FMEA**, possono sorgere delle problematiche.

La matrice, infatti, viene solitamente utilizzata al fine di considerare la gravità del guasto e la probabilità che lo stesso si verifichi così da stabilire il "Significato del rischio" e la "criticalità". Non viene tenuto conto, infatti, quasi sempre, della rilevabilità della causa di guasto.

Dalla lettura del testo, però, si è potuto comprendere quanto invece tale parametro – quello della rilevabilità – sia importante ai fini di una corretta e più accurata valutazione del rischio dunque, è importante ricercare un metodo di valutazione che ne preveda l'utilizzo.

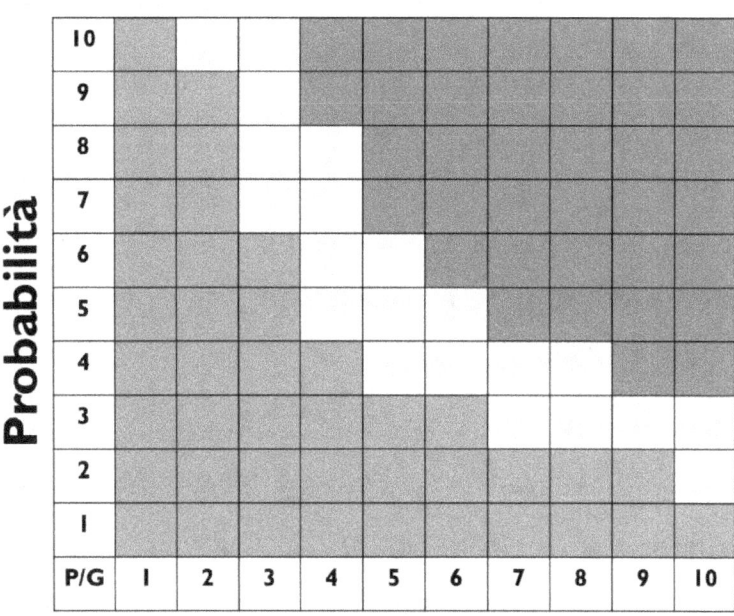

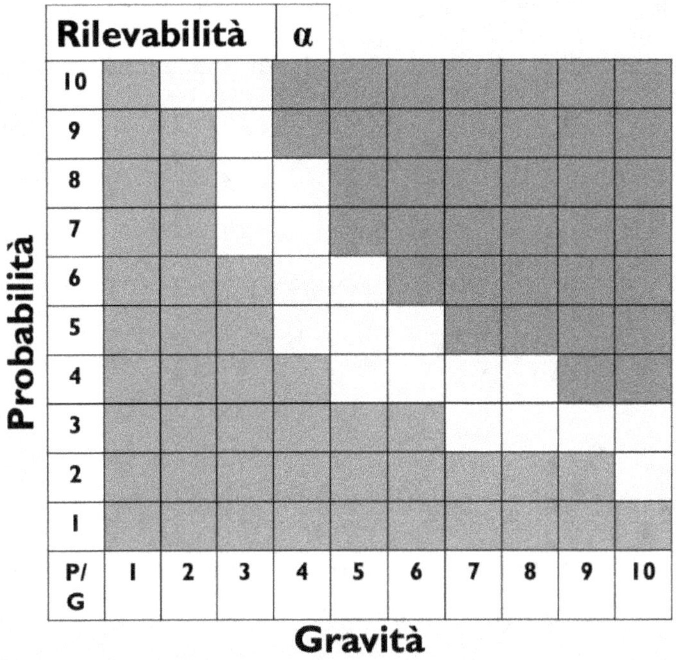

L'ultima versione della matrice presentata vede al suo interno il parametro "alfa", "α". Quest'ultimo rappresenta la rilevabilità. Ecco che, una matrice costruita in tal senso, tiene conto di tutti i parametri più importanti in sede di valutazione del rischio.

Proprio in virtù dell'aggiunta di un ulteriore parametro, l'α, è necessario procedere alla ridefinizione delle caselle contenute all'interno della matrice.

Il valore massimo, in questo caso, non sarà più pari a 100 ma a 1000.

È possibile, adesso, dopo aver illustrato le matrici utili ai processi valutati, comprendere come le stesse possano essere costruite. Per poter costruire una matrice di rischio che sia in grado di rendere valori utili alla valutazione, è assolutamente importante, prima di iniziare la procedura, identificare i parametri che devono essere inseriti al suo interno.

La posizione occupata dai valori all'interno delle celle dipende dal prodotto ottenuto tra gravità e probabilità come espresso nella formula sottostante.

$$R_{i,j} = P_i G_j$$

$$a_{ij} \quad \overset{m \text{ colonne}}{\underset{\text{j cresce}}{\longrightarrow}}$$

$$\underset{\text{i cresce}}{n \text{ righe}} \downarrow \begin{pmatrix} a_{11} & a_{12} & \cdots & a_{1m} \\ a_{21} & a_{22} & \cdots & a_{2m} \\ \vdots & \vdots & \ddots & \vdots \\ a_{n1} & a_{n2} & \cdots & a_{nm} \end{pmatrix}$$

matrice $n \times m$

Il parametro **R**, che sta per Rischio, identifica il rischio inaccettabile; **G**, sta per Gravità, e indica un rischio da non sottovalutare; **V**, sta per verde e identifica un rischio accettabile. Con la sigla **CC**, invece, si vuole indicare la causa del guasto.

In virtù della definizione riportate è possibile giungere alla definizione, mediante la formula che sotto si riporta, del parametro γ.

$$\gamma_V = \sum_{i=1}^{k} \left\{ C_{i,j}(CG) : \begin{bmatrix} k_1 : G = 1; 1 \leq P \leq 10; 1 \leq R \leq 10 \\ k_2 : G = 2; 1 \leq P \leq 9; 1 \leq R \leq 9 \\ k_3 : G = 3; 1 \leq P \leq 7; 1 \leq R \leq 8 \\ \cdots \\ k_i : G = 10; P \leq 1; R \leq 1 \end{bmatrix} \right\}$$

$$\gamma_R = \sum_{i=1}^{k} \left\{ C_{i,j}(CG) : \begin{bmatrix} k_1: 4 \leq G \leq 10; P = 10; R = 10 \\ k_2: G = 5; 7 \leq P \leq 9; 7 \leq R \leq 9 \\ k_3: G = 6; 6 \leq P \leq 9; 6 \leq R \leq 9 \\ \dots \\ k_i: G = 10; P \geq 3; R \geq 3 \end{bmatrix} \right\}$$

$$\gamma = \sum_{i=1}^{k} \left\{ C_{i,j}(CG) : \begin{bmatrix} k_1: 2 \leq G \leq 3; P = 10; R = 10 \\ k_2: G = 4; P = 9; R = 9 \\ k_3: G = 5; 6 \leq P \leq 7; 7 \leq R \leq 8 \\ \dots \\ k_i: G = 10; P \leq 3; R \leq 3 \end{bmatrix} \right\}$$

Se si prendesse in considerazione α=1 si avrebbero parametri differenti da quelli sopra riportati in matrice poiché varierebbero le condizioni che quegli stessi parametri li hanno prima definiti. In base al variare di α si avranno, dunque, valori differenti.

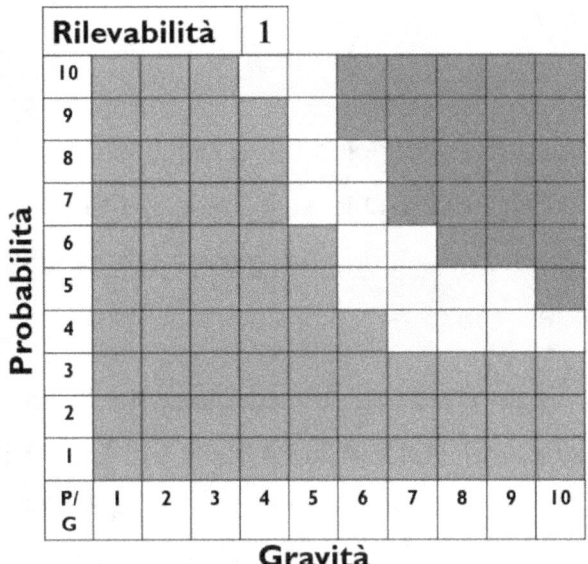

Una matrice come quella appena sopra riportata può essere certamente utilizzata quale strumento di valutazione e ottimizzazione dal momento che è capace di valutare le cause di guasto prendendo in considerazione le tre metriche di cui si è parlato nel testo.

La costruzione matematica dello strumento in esame può avvenire in diversi modi a seconda del caso affrontato e dello specifico prodotto da analizzare.

In letteratura viene suggerito di utilizzare, per la valutazione del rischio, la matrice in oggetto perché risulta essere capace di distinguere le diverse situazioni di rischio possibili al contrario di un "semplice valore di soglia".

Conclusione

Nel capitolo appena concluso si è discusso, prima di tutto, della valutazione del rischio sulla base dei tre parametri più importanti analizzati finora: la gravità, la probabilità e la rilevabilità del rischio.

È stato spiegato perché è così importante prendere in considerazione, di volta in volta, tutti e tre i parametri dal momento che, alcuni, come la gravità, se presi individualmente potrebbero fornire indicazioni per una valutazione fuorviante. È possibile, infatti, che seppur il primo parametro, quello della gravità, sia alto in realtà il rischio, viste le basse probabilità di verificarsi, risulti essere trascurabile e, viceversa.

È stato illustrato, poi, l'Indice di priorità di rischio con i suoi parametri e la formula nonché la matrice di rischio del controllo qualità. Grazie alla teoria ivi riportata è possibile comprendere non solo perché tali matrici, soprattutto quella specifica per il metodo FMEA, debbano essere utilizzate in sede di valutazione del rischio, ma anche come possano essere costruite da zero.

Compilazione della DFMEA

Nei capitoli precedenti molto si è detto a proposito della fase di analisi del prodotto. Una volta conclusa questa importantissima fase il processo **FMEA** prevede che un ulteriore importantissimo momento ovvero quello della compilazione di un documento tecnico che ha il compito di rappresentare, su carta, la valutazione completa ottenuta.

Il documento di cui si sta discutendo è, di fatto, ciò che ci si aspetta come conclusione dell'analisi tutta; al suo interno sono contenuti tutti i dati e tutte le informazioni che sono state raccolte nelle fasi antecedenti del processo, disposte in modo assolutamente ordinato.

Grazie al documento in questione è possibile recuperare le informazioni che servono ed anche aggiungerne di ulteriori quando si transita alla fase di revisione del Design.

[Tabella FMEA - Failure Modes and Effects Analysis con intestazioni: LOGO Azienda, FMEA n°, DROSSELKLAPPE; campi anagrafici: FMEA Regolatore valvola farfalla, Articolo 453234, Resp. Supervisor, Rep., Tipo/Modello/Produzione/Lotto, Stato di modifica, Azienda, Data, Sistema n°/elementi di sistema 1.2, n° proprio, Rep., Cambio, Stato di modifica, Data; colonne: Possibile conseguenza di errore | G | Possibile errore | Possibile causa di errore | K | Provvedimento di prevenzione | P | Provvedimento di prevenzione | R | RPN | V/T]

Elemento di sistema 1.2.1 — Ruote dentate primarie
Funzione: Trasferire la coppia dall'albero di uscita alla ruota dentata secondaria

Contenuto righe (Cambio / Regolatore valvola farfalla / Cambio / Regolatore valvola farfalla) con valori parziali: 10, 10, 9, 9; RPN 120, 40, 30.

G = Numero valutazione gravità   P = Numero valutazione per la probabilità di accadimento   R = Numero valutazione per la possibilità di rilevamento
RPN = Indice di priorità di rischio, RPN = G * P * R   V = Responsabilità / T = Scadenza per la realizzazione   K = Caratteristica ulteriore

La parte superiore del documento è quella riservata ai dati anagrafici; quest'ultima contiene, infatti, tutti quei dati che servono all'identificazione della **DFMEA**.

Nella parte superiore, quella relativa al numero e tipo di **DFMEA**, devono essere inserite in ordine cronologico o con codici appositi le registrazioni **FMEA**. L'obiettivo è quello di renderle subito disponibili a prescindere che il documento sia disponibile in formato digitale o cartaceo.

Sempre in questa prima parte del documento, alla voce sopra indicata, si precisa se l'analisi verrà svolta su un prodotto esistente, modificato o se si tratta, invece, di un prodotto nuovo.

Il secondo campo è quello che attiene al codice e alla descrizione del prodotto; dev'essere scritto, anche, se la **DFMEA** viene utilizzata per ogni singolo componente o per sottosistema.

Nel campo a fianco è possibile anche descrivere, per sommi capi, quale sia la tipologia del prodotto.

Il codice e la descrizione del prodotto devono essere identici a quelli proposti nei documenti ad asso associati.

La terza parte del documento è quella che attiene al disegno; si deve riportare, in questa sede, il codice del disegno del prodotto. Questo può essere differente o anche uguale al codice del prodotto.

Nella sezione "Emissione e revisione", invece, si inserisce il nome del responsabile per la preparazione **DFMEA** e, tale nominativo può coincidere o meno con quello del responsabile dell'intero team. È importante inserire nello spazio apposito l'indice di revisione della registrazione. Per la prima verrà indicato il numero 0, per esempio, e deve essere indicata anche la data dell'attività.

La quinta sezione è quella dedicata al responsabile **DFMEA** e ai componenti del team. Sostanzialmente nello spazio indicato vengono inseriti tutti i nominativi dei responsabili partecipanti alla DFMEA e le rispettive funzioni.

Una volta conclusa la compilazione della parte anagrafica l'intero team ripone la propria attenzione sulla registrazione, ricercando gli eventuali modi di guasto, i difetti del prodotto, gli effetti e le cause così da poter mettere in campo le eventuali azioni correttive o, comunque, preventive.

La sesta parte del documento è quella relativa alle componenti e alle loro funzioni. Devono essere inserite nel documento tutte le componenti che si intendono analizzare. Nel caso in cui si tratti di un sottosistema è prima di tutto necessario, per poterlo analizzare, scomporlo in componenti di livello inferiore.

Si consiglia nella compilazione del documento di riportare un solo componente per pagina; così facendo la FMEA complessiva sarà formata da più pagine.

Per ogni componente dev'essere scritta la funzione o le sue funzioni così da far comprendere a chi legge il documento cosa lo stesso faccia e quale relazione abbia con gli altri.

La sezione successiva, la settima, è quella dedicata ai potenziali modi di guasto e alle difettosità che potrebbero interessare il componente in analisi. Il modo di guasto, da definizione, è il modo mediante il quale il componente o il sottosistema si scosta da quelli che sono i requisiti fissati (anche chiamati "specifiche di prodotto"). Il modo di guasto deve essere descritto utilizzando quanto più possibile un gergo tecnico.

Nella sezione successiva, invece, devono essere elencati i possibili effetti cui il cliente è soggetto nel momento in cui si dovesse verificare il guasto. È importante che tutti gli effetti vengano descritti in modo corretto e che siano scritti dal punto di vista del cliente – precisando cioè cosa l'utilizzatore potrebbe avvertire. Dev'essere posta anche attenzione alla descrizione degli effetti cui l'utilizzatore va incontro dal punto di vista della sua sicurezza personale.

La nona sezione è quella relativa alle potenziali cause del guasto o del difetto. In questa sede, in corrispondenza di ogni modo di guasto devono essere elencate le potenziali cause dello stesso, secondo quanto rilevato dal team responsabile. È opportuno chiedersi, in questa specifica fase di compilazione del documento, quali siano le lacune in merito alle caratteristiche del componente in esame. Il team affinché possa effettuare le giuste relazioni fra il modo di guasto e le sue possibili cause può anche utilizzare dei diagrammi causa-effetto.

Successivamente, nella parte sottostante del documento, il team ha il compito di elencare quali siano i controllati esistenti in merito alle verifiche, ai riesami e alle validazioni del progetto. I controlli che invece si vogliono implementare non devono essere qui specificati perché vi è per loro una sezione apposita ovvero quella che si riferisce alle azioni correttive o di miglioramento. Esempi di controlli in fase di progettazione e sviluppo sono: le verifiche dei disegni, i calcoli alternativi, i confronti con progetti effettuati in precedenza, i test sui prototipi.

L'undicesima sezione è quella che si riferisce alla probabilità del guasto. Il team, infatti, valuta a quanto ammonti tale probabilità e appone un indicatore numerico, compreso tra 1 e 10, alla stessa. Il punteggio è valutato in virtù del tasso di guasto o, comunque, mediante l'esecuzione di precise stime matematiche. Nella valutazione è importante prendere in considerazione se il prodotto di cui si sta discutendo può essere assimilato a prodotti precedenti e se si, quali modifiche sono state effettuate a questi ultimi.

Nel documento, poi, vi è una specifica sezione nella quale si discute della gravità del guasto. La stessa dev'essere valutata dall'apposito team e dev'essere espressa prendendo in considerazione sempre il punto di vista del cliente, a guasto avvenuto. Proprio in virtù di tale motivo il livello di gravità dev'essere sempre associato alla valutazione dei possibili effetti del modo di guasto.

Anche alla gravità è associato un punteggio da 1 a 10 e le riduzioni sono ammesse solo tramite modifiche progettuali.

La tredicesima sezione è quella della rilevabilità ed anche in questo caso il team ha il compito di assegnare, al parametro, un punteggio da 1 a 10. Lo stesso esprime le capacità del sistema controllo di rilevare sia la potenziale causa del modo del guasto che il modo di guasto prima che il componente o il sottosistema venga prodotto.

La sezione successiva è invece dedicata al calcolo dell'indice di priorità di rischio del quale si è discusso nel capitolo precedente. Lo stesso si ottiene mediante la moltiplicazione di tre parametri: la gravità, la probabilità e la rilevabilità. Per la determinazione di quanto pesi l'indice viene utilizzato un criterio che varia a seconda del livello di qualità ricercato. Il team porrà la sua attenzione prima di tutto sulle cause di guasto che potrebbero generare **IPR** elevati.

La quartultima sezione è quella dedicata alle azioni di miglioramento raccomandate; dopo tutte le valutazioni e analisi del caso il team si dedica alla descrizione di tutte quelle attività correttive che possono essere attuate. L'obiettivo finale è quello di ridurre **l'IPR**.

Per ridurre i parametri della probabilità e della gravità del guasto è necessario procedere ad una revisione del progetto in modo tale da eliminare o quantomeno ridurre le cause dei modi di guasto.

Nel caso in cui non si possano attuare delle misure correttive nella sezione è opportuno inserire la dicitura "**n.a.**" che sta per "non applicabile".

Nella sedicesima sezione del documento il tram deve indicare chi sia fra tutti il responsabile delle azioni correttive ed anche quali siano i tempi di completamento previsti. Non è detto che la persona incaricata coincida con il responsabile tecnico.

La penultima sezione è quella che attiene alle azioni intraprese e ai tempi di realizzazione delle stesse. Una volta completate tali operazioni è infatti opportuno riportare, all'interno del documento, una breve sintesi con anche, alla fine, l'effettivo termine di completamento.

L'ultima sezione, la diciottesima, è quella dedicata al nuovo calcolo dell'**IPR**. Una volta effettuate le azioni correttive si deve procedere al ricalcolo dei tre parametri ovvero della probabilità, della gravità e della rilevabilità. L'indice finale dimostrerà effettivamente quanto le azioni correttive siano state efficaci. Nel caso in cui il punteggio non dovesse essere ancora soddisfacente è possibile mettere in campo ulteriori azioni correttive.

Conclusioni

Il presente capitolo è stato interamente dedicato alla compilazione del documento DFMEA; in particolare si è potuto leggere come compilare correttamente il documento in ognuna delle sue parti. Per poter proseguire con una compilazione più accurata possibile il capitolo si è posto l'obiettivo di descrivere, nel dettaglio, cosa dovesse essere scritto in ognuna delle sue parti a partire dalla prima ovvero quella concernente i dati anagrafici. È stato anche spiegato cosa debba essere fatto quando, nella fase finale, avviene la nuova valutazione dell'indice di priorità di rischio.

PFMEA

Con l'espressione **FMEA** di Processo si vuol far riferimento a quella tecnica che viene utilizzata dai responsabili della produzione affinché possano assicurarsi che tutte le eventuali e possibili cause di guasto all'interno del ciclo produttive siano state preventivamente considerate. In generale, è possibile affermare che l'obiettivo principale dell'FMEA di processo sia quello di prevenire i guasti e migliorare la qualità, la sicurezza ed anche l'affidabilità di processo.

L'acronimo "**PFMEA**" si intende quel metodo volto all'identificazione di tutte le possibili cause di guasto nella produzione; lo stesso è in grado di stabilire quali possano essere gli effetti del guasto in questione e, di conseguenza, anche le migliori azioni correttive.

L'intero processo ha inizio con l'identificazione di quelle che sono le modalità di funzionamento del processo; successivamente si transita all'identificazione dei possibili modi di guasto e del malfunzionamento in modo tale da poter studiare quali possano essere – come si diceva – gli effetti sul cliente.

Dopo aver svolto tutte le operazioni appena indicate si

procede con la ricerca delle possibili cause dei guasti concentrando l'attenzione, da parte di chi di questo processo se ne occupa, sulle variabili critiche del processo stesso.

Il risultato di questo processo riguarda l'ottenimento di tutte quelle azioni correttive che possono essere preventivamente attuate al fine di evitare il guasto; le azioni correttive, una volta elencate, si distinguono fra loro sulla base dell'indice di priorità. Quest'ultimo offre la possibilità agli operatori di evidenziare prima di tutto gli interventi che appaiono essere più urgenti rispetto agli altri.

L'FMEA di processo, così come è stata opportunamente descritta, dovrebbe essere utilizza sin da subito, sin dalle prime fasi di progettazione del processo. È importante precisare, però, che l'**FMEA** può essere anche utilizzato quando il processo è già attivo.

I passaggi prima elencati, descritti ed analizzati per quanto concerne l'analisi D-FMEA possono essere riproposti anche in questo caso ovvero per la valutazione dei rischi all'interno del processo produttivo.

Ciò che distingue quanto prima detto con la situazione appena riportata risiede nel fatto che l'albero strutturale di Design è completamente differente da quello di processo; anche i nodi logici sono differenti dal momento che, al centro dell'indagine non vi è il Design ma il processo intero.

Le funzioni di radice, già nominate, esprimono variabili sia di processo che di prodotto; proprio per il motivo appena riportato le stesse hanno a che fare con le caratteristiche essenziali del processo produttivo ma anche con aspetti prettamente funzionali attinenti al prodotto (si pensi alla strutturalità o alla robustezza del prodotto, così come alla sua estetica, e all'user friendliness).

La funzione radice, per definizione, è il punto di partenza, dal punto di vista logico, per lo svolgimento di un'analisi di processo dal momento che è proprio la stessa ad esprimere ciò che il processo dovrebbe garantire.

Le funzioni di radice, inoltre, esprimono come il processo si estrinsechi, in ognuna delle proprie fasi; grazie alle funzioni radice è possibile rapportarsi con un vero e proprio elenco sequenziali delle lavorazioni condotte all'interno di ognuna delle diverse fasi di processo.

È importante tener conto di ognuno di questi step – anche chiamati "passi di processo – perché sono proprio questi ultimi ad influire nella determinazione del livello di rischio. Non definendo in modo opportuno tali passi, alcuni elementi potrebbero essere non considerati opportunamente ai fini di una corretta valutazione.

Per fornire un esempio pratico di cosa sia una funzione di passo di processo si può far riferimento al processo di imballaggio che, come tale, deve essere definito passo per passo.

Le funzioni di fattore d'influenza, invece, esprimono il ruolo dei fattori di influenza e cosa gli stessi debbano assicurare nel corso di un passo di processo corrispondente. In pratica, è possibile affermare che le funzioni di fattore d'influenza siano, effettivamente, l'equivalente di processo delle cause di guasto di cui si è discusso parlando della DFMEA dal momento che le stesse sono in grado di stabilire precisamente cosa ci si possa e debba aspettare da un processo. Conseguentemente, potendo definire quanto appena scritto le stesse funzioni sono utili a comprendere anche come il normale svolgimento del processo potrebbe essere turbato.

Un esempio di funzione di fattore d'influenza è la macchina che deve garantire la saldatura adeguata: il fattore di influenza è la macchina invece, la corretta saldatura è ciò che la macchina, appunto, dovrebbe garantire.

Ciò che dà valore aggiunto alla PFMEA è l'identificazione dei fattori di influenza che svolgono un ruolo alla definizione logica delle modalità di guasto; i fattori di influenza possono essere classificati in quattro categorie:

- L'uomo;
- Il materiale: i materiali utilizzati nel processo possono influenzare la qualità e l'affidabilità del prodotto finale. Ad esempio, materiali difettosi, non conformi alle specifiche o soggetti a deterioramento possono essere fonte di guasti;
- La macchina: l'efficienza e l'affidabilità delle attrezzature e dei macchinari utilizzati nel processo possono influenzare la probabilità di guasti. Ciò può includere la manutenzione inadeguata, l'usura, i guasti meccanici o elettrici e altre problematiche correlate alle attrezzature;
- L'ambiente: l'ambiente di lavoro può avere un impatto significativo sul processo. Ad esempio, l'esposizione a condizioni ambientali estreme, contaminazioni, vibrazioni o interferenze elettromagnetiche può influenzare la stabilità del processo.

I fattori appena elencati sono quelli che solitamente generano dei guasti nei processi di produzione nel momento in cui il processo è di per sé corretto.

Conclusione

Il capitolo, penultimo del libro, è stato dedicato alla

descrizione della FMEA di processo e alle analogie che vi sono con DFMEA. Non è mancato un riferimento ai cosiddetti fattori di influenza. La prima parte del testo si è concentrata sulla spiegazione di cosa avvenga quando la valutazione dei rischi attenga all'intero processo e non solo al prodotto. Si è proceduto con l'illustrazione di tutte le fasi valutative sino a giungere all'attuazione delle azioni correttive. È stato anche interessante notare quali siano le analogie con DFMEA e spiegare quali siano i fattori di influenza: l'uomo, l'ambiente, le macchine e il materiale.

Follow-up del processo FMEA

Al termine di tutte le fasi di valutazione fino a questo momento descritte nel corso del testo il responsabile tecnico dell'azienda – anche se non è detto che sia sempre questa specifica figura addetta all'operazione che si sta per descrivere – cui è stata affidata l'attuazione della misura correttiva, ha il compito di verificare che tutto l'iter venga svolto in maniera corretta, sino al suo ultimo passaggio.

Se l'azione correttiva si conclude in modo positivo sarà possibile osservare modifiche:

- Del design;
- Di procedure, sia per quanto riguarda il progetto che il processo;
- PMEA e piani di controllo.

È necessario tener sempre presente che l'**FMEA** deve avanzare in modo parallelo alle ulteriori modifiche del progetto; **DFMEA** deve essere applica ad ogni modifica o anche ad ogni sostituzione di componenti, indipendente dall'origine che questi posseggono.

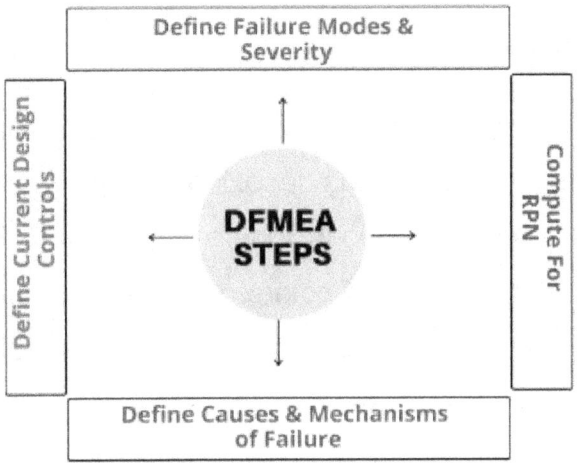

Durante il follow-up del processo FMEA, vengono presi in considerazione diversi aspetti. Prima di tutto, vengono attuate tutte le azioni correttive e preventive identificate durante l'analisi. Questo può includere, come si è visto, a modifica del design del prodotto o del processo, l'aggiornamento delle procedure operative, l'implementazione di sistemi di controllo o miglioramenti nella formazione del personale. È importante monitorare attentamente l'implementazione di queste azioni per assicurarsi che vengano attuate in modo efficace.

Dopo l'implementazione delle azioni correttive, è necessario valutare l'efficacia di tali azioni nel mitigare i rischi identificati durante l'analisi FMEA. Ciò può comportare la raccolta di dati e l'analisi delle prestazioni per determinare se le azioni hanno ridotto il livello di rischio o eliminato completamente i potenziali guasti.

Il follow-up del processo FMEA richiede un monitoraggio continuo per garantire che le azioni correttive rimangano efficaci nel tempo. Ciò può includere l'implementazione di un sistema di monitoraggio regolare, la revisione periodica dei risultati e l'aggiornamento dell'FMEA in base alle nuove informazioni o ai cambiamenti nel sistema.

È fondamentale mantenere una documentazione accurata di tutte le azioni correttive implementate e dei risultati ottenuti durante il follow-up del processo FMEA. Questa documentazione può essere utilizzata come base per le future analisi FMEA e come riferimento per il miglioramento continuo dei processi.

Metodi di analisi affini

In letteratura sono presenti interessanti spunti di riflessione sui metodi d'analisi affini a quello FMEA. In particolare si fa riferimento a:

1. **Fault Tree Analysis (FTA)**: **L'FTA** è un modello che visualizza graficamente le relazioni causali tra eventi indesiderati (fallimenti) e le loro cause. Utilizza un diagramma ad albero per identificare tutte le possibili combinazioni di eventi che possono portare a un evento indesiderato. **L'FTA** è spesso utilizzato per analizzare i guasti in sistemi complessi e per valutare la probabilità di un evento indesiderato. I passaggi dell'analisi in questione si estrinsecano nelle seguenti modalità: identificazione dell'evento indesiderato (Top Event), si procede in questa fase alla definizione dell'evento indesiderato che si intende considerare. L'evento rappresenta il guasto o l'incidente di proprio interesse: potrebbe essere un guasto di sicurezza, un malfunzionamento di sistema o un incidente critico. La seconda fase è quella dell'identificazione degli eventi che possono contribuire all'evento indesiderato. Gli eventi di base rappresentano le

cause o le condizioni che possono verificarsi e, come si è appena detto, che possono contribuire al verificarsi dell'evento indesiderato. Questi eventi sono solitamente collegati a guasti, errori umani, errori di progettazione, condizioni ambientali. Vi è poi la fase della costruzione del diagramma ad albero: utilizzando il diagramma ad albero, si inizia solitamente dalla parte superiore con l'evento indesiderato (Top event) e si disegna una linea che si ramifica per rappresentare tutti i possibili eventi di base. A questo punto si dovrebbe procedere nel collegare gli eventi di bade con i loro predecessori attraverso operatori logici con AND (E) o OR (o). And indica tutti gli eventi di base che devono verificarsi contemporaneamente per contribuire all'evento indesiderato, mentre or indica che almeno uno degli eventi di base deve verificarsi. La fase successiva è quella dell'assegnazione delle probabilità e delle quantità di evento e tale assegnazione avviene sulla base di dati storici, analisi e stime di esperti. Le probabilità possono essere valutate in modo quantitativo, ad esempio utilizzando dati statici oppure in modo qualitativo, ad esempio utilizzando delle scale. La terzultima fase è quella del calcolo delle probabilità del Top Event: utilizzando le probabilità degli eventi di base e gli operatori logici nel diagramma ad albero, si devono calcolare le probabilità dell'evento indesiderato. Questo può essere fatto utilizzando metodi analitici o tramite l'utilizzo di software specifici per **l'FTA**. Successivamente vi è l'analisi del diagramma ad albero così da poter identificare le combinazioni critiche degli eventi che, a loro volta, possono condurre all'evento indesiderato. Questo può aiutarti ad identificare i guasti e le condizioni che richiedono particolare attenzione o interventi correttivi e preventivi. L'ultima fase è quella che attiene alla valutazione dei risultati e alla pianificazione delle azioni correttive. È opportuno concentrarsi sulla valutazione dei risultati dell'FTA e sull'identificazione delle azioni correttive o preventive necessarie a ridurre il rischio dell'evento indesiderato;

2. **Event Tree Analysis** (ETA): **L'ETA** è un modello che rappresenta graficamente le sequenze di eventi che possono verificarsi in risposta a un evento iniziale. È utile per valutare le conseguenze di un evento indesiderato e le diverse strade che possono essere intraprese. **L'ETA** è spesso utilizzato per la valutazione dei rischi in ambiti come la sicurezza nucleare, la gestione delle emergenze e la gestione dei rischi naturali. La prima fase del presente modello d'analisi è quella dell'identificazione dell'evento

iniziale. È opportuno definire quale sia l'evento iniziale ovvero l'evento indesiderato o l'incidente; successivamente devono essere identificati gli eventi successivi che possono verificarsi in risposta a quello iniziale. Questi eventi rappresentano le diverse possibili conseguenze che possono derivare dall'evento iniziale. Ad esempio potrebbero essere azioni o decisioni che vengono prese, situazioni che si verificano o eventi che si sviluppano. Vi è poi la fase della costruzione del diagramma ad albero: utilizzando il diagramma ad albero, si deve partire dall'evento iniziale per poi disegnare delle linee che indicano le possibili sequenze di eventi che possono verificarsi. Ogni evento successivo è collegato al suo predecessore mediante operatori logici And e OR. È opportuno poi assegnare alle probabilità degli eventi successivi dei valori appropriati che si basino su dati storici o stime e, utilizzando le probabilità degli eventi successivi e gli operatori logici si deve procedere con il calcolo delle probabilità delle diverse sequenze di eventi che portano alle corrispettive conseguenze. Questo può essere fatto utilizzando, per esempio, dei software. La penultima fase è quella dedicata all'analisi delle conseguenze associate alle diverse sequenze di eventi. L'analisi si conclude con l'identificazione delle azioni correttive o preventive necessarie per mitigare o gestire le conseguenze indesiderate;

3. **Hazard and Operability Study** (HAZOP): La **HAZOP** è un modello di analisi dei rischi che si concentra sull'identificazione dei potenziali pericoli e delle possibili deviazioni dal normale funzionamento di un processo. Si basa su una serie di domande guidate per esplorare le possibili cause di deviazioni e le relative conseguenze. La **HAZOP** è spesso utilizzata nell'industria chimica e di processo per identificare i rischi operativi e migliorare la sicurezza dei processi. Il primo step da seguire in questo caso è quello della costruzione del team: è importante, infatti, che il team che debba condurre l'analisi sia multidisciplinare con conoscenze approfondite del sistema o del processo che dovrà essere sottoposto all'analisi. La seconda fase del metodo d'analisi in questione è quella nella quale si devono stabilire quali siano gli obiettivi specifici dell'analisi come, per esempio, l'identificazione dei potenziali pericoli, la valutazione dei rischi operativi, l'identificazione dei punti deboli nel sistema. La terza fase è quella invece nella quale si devono identificare i nodi di analisi cioè tutto ciò che verrà sottoposto all'analisi (apparecchiature, reattori, valvole...). La quarta fase è quella dell'analisi delle deviazioni che potrebbero verificarsi. Con deviazione

si intende qualsiasi situazione o evento che può causare un guasto, un errore, un pericolo o un malfunzionamento nel sistema o nel processo. Subito dopo l'analisi delle deviazioni si procede con l'identificazione delle azioni correttive e preventive. In base alle deviazioni identificate, infatti, il team preposto propone le misure correttive o preventive volte alla mitigazione dei rischi associati. Queste azioni possono includere modifiche al design, miglioramenti dei controlli, aggiunta di sistemi di sicurezza o anche l'addestramento del personale. L'ultima fase riguarda la documentazione dei risultati ottenuti, compresi i nodi di analisi, le deviazioni e le rispettive azioni correttive;

4. **Preliminary Hazard Analysis (PHA):** è un modello di analisi dei rischi che viene utilizzato nelle prime fasi di sviluppo di un prodotto, sistema o processo. Si concentra sull'identificazione dei potenziali pericoli e dei rischi associati a una determinata situazione. La **PHA** viene spesso utilizzata per informare la progettazione iniziale e le decisioni di gestione dei rischi. Anche in questo caso la prima fase del metodo d'analisi in questione è volta all'identificazione del sistema o del progetto che dovrà essere studiato: si può trattare di un prodotto, di un processo, di una struttura, di un impianto o di una singola attività. Il

secondo importantissimo passaggio, prima di procedere all'analisi vera e propria, consiste nella creazione di un team efficace di tecnici, progettisti, operatori e altri stakeholder importanti. È importantissimo, infatti, coinvolgere persone con diverse competenze per poter ottenere una visione più completa possibile dei potenziali pericoli e rischi associati. Una volta identificato e costruito il team, si passa all'esame del sistema o del progetto e all'identificazione dei potenziali pericoli ad esso associati. I pericoli possono derivare da fattori come l'ambiente, i materiali utilizzati, i processi di produzione, i dispositivi e le attrezzature, le interazioni umane. Per ciascun pericolo identificato il team esamina le possibili conseguenze che possono derivare da tale pericolo. Queste possono essere danni alle persone, alle proprietà, impatti ambientali, interruzione delle operazioni. È necessario poi valutare i rischi associati ai pericoli identificati, considerando la probabilità di occorrenza del pericolo e la gravità delle conseguenze. La penultima fase del metodo d'analisi **PHA** consiste nell'identificazione delle misure preventive e correttive; l'ultima, invece, nella documentazione dei risultati.

5. **Bow-Tie Analysis**: si tratta di un modello visuale che rappresenta graficamente le cause, le barriere

preventive, gli eventi indesiderati e le conseguenze. Utilizza un diagramma a forma di cravatta per illustrare le diverse vie che possono portare a un evento indesiderato e le contromisure preventive e mitigative correlate. L'analisi Bow-Tie è spesso utilizzata per la valutazione dei rischi in ambiti come la sicurezza industriale e l'aviazione. Dopo aver proceduto all'identificazione dell'evento indesiderato - incidente, guasto o situazione critica che potrebbe verificarsi – è importante concentrare l'attenzione sull'individuazione delle cause che hanno potuto generare l'evento stesso (attrezzature guaste, condizioni ambientali sfavorevoli, errori di progettazione). Conclusa questa prima parte dell'analisi si transita poi a quella volta all'identificazione delle misure di protezione: qui si lavora per individuare quelle misure di prevenzione che possono essere implementate al fine di ridurre la probabilità che si verifichino le cause di guasto. Queste misure possono includere procedure operative, addestramento del personale, sistemi di sicurezza, protocolli di manutenzione. Lo step successivo consiste nell'esaminare tutte le diverse combinazioni di cause e misure di prevenzione così da identificare gli scenari che possono portare all'evento indesiderato. La quinta fase consiste invece nell'analisi delle possibili conseguenze associate agli eventi indesiderati e, poi si transita alla valutazione dell'efficacia delle misure di prevenzione e protezione così da ridurre effettivamente le probabilità di verificarsi delle cause e da mitigare le conseguenze. La penultima fase, la settima, è quella dedicata all'identificazione delle misure di protezione; l'ultima, al monitoraggio dell'efficacia di queste ultime.

Prima di concludere anche quest'ultimo capitolo, si ritiene opportuno precisare che, spesso, rispetto a tutti i metodi d'analisi descritti quello FMEA risulta essere il prediletto, visti i suoi punti di forza e i vantaggi che presenta. Per operare un confronto sintetico tra FMEA e i metodi d'analisi appena descritti si sostiene che:

- **FMEA vs FTA**: entrambi i metodi sono utilizzati per analizzare i guasti e gli eventi indesiderati, ma si differenziano nel loro approccio. La **FMEA** si concentra sulla valutazione dei potenziali guasti, delle loro conseguenze e delle azioni preventive o correttive associate. Analizza i guasti individuali e le loro relazioni con i processi, le componenti o i sistemi. **L'FTA**, d'altra parte, si concentra sull'analisi dei guasti complessi e multipli utilizzando una struttura ad albero che visualizza le relazioni di causa-effetto tra gli eventi di guasto. La **FMEA** utilizza una struttura di analisi basata sulla valutazione delle modalità di guasto, delle loro conseguenze e delle azioni preventive. L'analisi **FTA** utilizza una struttura ad albero inverso, partendo dal guasto finale (top event) e analizzando le possibili cause che portano a quel guasto attraverso una serie di eventi intermedi. La **FMEA** è spesso più semplice e di facile comprensione, adatta per analizzare guasti individuali e identificare azioni preventive specifiche. **L'FTA**, invece, può essere più complesso e richiede una modellazione dettagliata delle relazioni di causa-effetto tra gli eventi di guasto. È adatto per analizzare guasti complessi che coinvolgono molteplici cause e interazioni tra eventi. La **FMEA** viene spesso utilizzata durante lo sviluppo del prodotto, sia nella fase di progettazione che in quella di produzione, per identificare e mitigare i potenziali guasti prima che il prodotto raggiunga il mercato. **L'FTA**, d'altra parte, può essere utilizzato in diverse fasi del ciclo di vita del prodotto, inclusa la fase di progettazione, per analizzare i guasti complessi e identificare le azioni preventive o mitigative. La **FMEA** è ampiamente utilizzata in diversi settori, come l'industria automobilistica, l'industria aerospaziale, la produzione e il settore sanitario, in cui la gestione dei guasti è critica per la sicurezza e la qualità. **L'FTA** viene utilizzato in settori come l'ingegneria di sicurezza, l'industria chimica e petrolifera, l'aviazione e altri settori ad alta intensità di rischio.

- **FMEA vs HAZOP:** la **FMEA** si concentra sulla valutazione dei potenziali guasti, delle loro cause, delle conseguenze e delle azioni preventive o correttive associate. Analizza i guasti individuali e le loro relazioni con i processi, le componenti o i sistemi. L'analisi **HAZOP**, d'altra parte, si concentra sull'identificazione e la valutazione dei pericoli potenziali all'interno di un sistema, analizzando le deviazioni rispetto alle intenzioni di progetto e gli scenari operativi. La **FMEA** è una forma di analisi preventiva che mira a identificare e mitigare i potenziali guasti e le loro conseguenze prima che si verifichino. Si concentra sulle modalità di guasto e sulle azioni preventive. L'analisi **HAZOP** è una forma di analisi retrospettiva che esamina le operazioni esistenti o i progetti e identifica i pericoli e le deviazioni che potrebbero causare incidenti.

La **FMEA** utilizza una struttura di analisi basata sulla valutazione delle modalità di guasto, delle conseguenze e delle azioni preventive. L'analisi

HAZOP si basa su un'analisi dettagliata delle variabili di processo (come pressione, temperatura, flusso) e delle possibili deviazioni o combinazioni che possono portare a situazioni pericolose. La **FMEA** è spesso più dettagliata, focalizzandosi su componenti o processi specifici e analizzando le modalità di guasto a un livello più specifico. L'analisi **HAZOP** è più adatta per analizzare l'intero sistema o processo, esaminando le varie situazioni operative e identificando le deviazioni potenzialmente pericolose. La **FMEA** è ampiamente utilizzata in diversi settori, come l'industria automobilistica, l'industria aerospaziale, la produzione e il settore sanitario, in cui la gestione dei guasti è critica per la sicurezza e la qualità. L'analisi **HAZOP** viene spesso utilizzata in settori come l'industria chimica e petrolifera, l'energia, il settore farmaceutico e l'industria di processo, in cui è necessario identificare e gestire i pericoli operativi.

- **FMEA vs PHA**: il metodo **FMEA** è comunemente utilizzato per identificare, valutare e mitigare i potenziali guasti, i loro effetti e le cause associate durante lo sviluppo di un prodotto o un processo. La **PHA**, invece, si concentra sulla fase iniziale del ciclo di vita di un sistema o di un processo e mira ad identificare e valutare i potenziali pericoli e le relative misure preventive. Entrambi i metodi utilizzano un approccio sistematico per identificare e valutare i rischi, ma la FMEA utilizza una struttura di analisi basata sulla valutazione delle modalità di guasto, delle loro conseguenze e delle azioni correttive, preventive o di mitigazione. La **PHA**, d'altra parte, si concentra sulla valutazione dei pericoli iniziali, senza specificare in modo dettagliato le modalità di guasto o le azioni correttive. La **FMEA** è un metodo molto dettagliato che richiede una valutazione approfondita delle modalità di guasto, delle loro conseguenze e delle cause associate. Viene spesso utilizzata a livello di componente o di processo specifico. La **PHA**, invece, è più ad alto livello e si concentra sulla valutazione dei pericoli generali e delle misure preventive a livello di sistema o di processo. La **FMEA**, poi, viene spesso utilizzata durante lo sviluppo del prodotto, sia nella fase di progettazione che in quella di produzione, per identificare e mitigare i potenziali guasti prima che il prodotto raggiunga il mercato. La **PHA**, al contrario, viene spesso utilizzata nelle prime fasi del ciclo di vita del prodotto per identificare i potenziali pericoli e definire le strategie di gestione del rischio. Se la **FMEA** viene utilizzata in diversi settori, anche molto diversi fra loro, la **PHA** è spesso utilizzata nei settori ad alta intensità di rischio, come l'industria petrolifera e del gas, l'industria chimica o quella farmaceutica;

- **FMEA vs Bow-Tie Analysis**: il primo metodo d'analisi utilizza una struttura lineare e sequenziale per valutare i potenziali guasti, le loro cause, le conseguenze e le azioni preventive o di mitigazione. Si concentra sulle modalità di guasto e sulle relative misure di controllo. L'analisi Bow-Tie, invece, utilizza una struttura a forma di farfalla (bow-tie) che rappresenta la catena di eventi causali tra una causa principale (top event), gli eventi indesiderati (threats) e le misure preventive e mitigative (barriers) per prevenire o mitigare tali eventi. La **FMEA** si concentra sulla valutazione dei guasti e sulle azioni preventive per evitare che si verifichino o mitigare le loro conseguenze. Si concentra sulla gestione dei rischi potenziali e sulla prevenzione degli incidenti. L'analisi Bow-Tie, invece, si concentra sulla comprensione degli incidenti e sulla prevenzione dei fallimenti critici, identificando e valutando i fattori che possono causare gli eventi indesiderati e le barriere che possono prevenirli. La **FMEA** è spesso utilizzata per analizzare e prevenire i guasti futuri, durante la fase di progettazione o di sviluppo di un prodotto o di un processo. Si concentra sugli aspetti preventivi. L'analisi Bow-Tie, invece, può essere utilizzata per analizzare incidenti passati o presenti, nonché per valutare la capacità del sistema di gestire incidenti futuri. Si concentra sia sugli aspetti preventivi che su quelli reattivi. La **FMEA** è ampiamente utilizzata in diversi settori, come l'industria automobilistica, l'industria aerospaziale, la produzione e il settore sanitario, in cui la gestione dei guasti è critica per la sicurezza e la qualità. L'analisi Bow-Tie è spesso utilizzata nei settori ad alta intensità di rischio, come l'industria petrolifera e del gas, l'industria chimica, l'aviazione e la gestione delle emergenze;

- **FMEA vs ETA:** la **FMEA** si concentra sulla valutazione dei potenziali guasti, delle loro cause, delle conseguenze e delle azioni preventive o correttive associate. Analizza i guasti individuali e le loro relazioni con i processi, le componenti o i sistemi. L'analisi **ETA**, d'altra parte, si concentra sulla valutazione degli eventi indesiderati che possono verificarsi all'interno di un sistema, valutando le possibili sequenze e combinazioni di eventi che possono portare a un evento di guasto o a una conseguenza specifica. La **FMEA** utilizza una struttura di analisi basata sulla valutazione delle modalità di guasto, delle conseguenze e delle azioni preventive. Si concentra sulle relazioni causa-effetto tra i guasti e le relative misure di controllo. L'analisi

ETA utilizza una struttura ad albero inverso che rappresenta le possibili sequenze di eventi che possono verificarsi a seguito di un evento iniziale e le relative probabilità di accadimento. Si concentra sulla valutazione delle probabilità e delle conseguenze degli eventi. La **FMEA** si concentra principalmente sulla valutazione dei guasti potenziali e delle azioni preventive durante la fase di progettazione o di sviluppo di un prodotto o di un processo. L'analisi **ETA**, d'altra parte, si concentra sulla valutazione degli eventi futuri che possono verificarsi all'interno di un sistema in diverse fasi del suo ciclo di vita, inclusa la fase operativa. La **FMEA** fornisce una valutazione qualitativa dei guasti e delle loro conseguenze, concentrandosi sulla gravità e sulla possibilità di occorrenza dei guasti. L'analisi **ETA**, invece, utilizza la teoria delle probabilità per valutare la probabilità degli eventi e le loro conseguenze, permettendo una valutazione quantitativa del rischio. Infine, come più e più volte è stato già scritto, la **FMEA** è ampiamente utilizzata in diversi settori, come l'industria automobilistica, l'industria aerospaziale, la produzione e il settore sanitario, in cui la gestione dei guasti è critica per la sicurezza e la qualità. L'analisi **ETA** viene spesso utilizzata in settori come l'ingegneria di sicurezza, l'industria petrolifera e del gas, l'industria chimica e altri settori ad alta intensità di rischio, in cui è necessario valutare le probabilità e le conseguenze degli eventi indesiderati.

Conclusione

Il presente capitolo è stato interamente dedicato all'analisi di cosa avvenga una volta identificate le misure correttive ed averle applicate nonché ai modelli d'analisi simili a quello FMEA. In particolare si è deciso di descrivere questi modelli perché è importante, per chi di questo settore ne voglia divenire un esperto, ma anche per chi voglia semplicemente saperne di più, comprendere quando e per quali ragioni un modello debba essere prediletto rispetto ad un altro.

Sebbene tutti i modelli presentati abbiano comunque degli aspetti in comune con tutti gli altri, vi sono degli ulteriori aspetti che permettono loro di essere unici e, soprattutto, di poter essere applicati in specifici settori lavorativi. I confronti emergono soprattutto nella seconda parte del capitolo, quando, per ogni metodo, è stato operato uno specifico confronto con FMEA.

Per un esperto è davvero importante conoscere tutto il panorama dei metodi d'analisi dei rischi e comprendere, anche, quale applicare in quella specifica situazione. In ogni caso, è possibile osservare, dalla presentazione effettuata, che tutti i metodi presentati prevedono un susseguirsi più o meno identico delle varie fasi d'analisi che partono dall'identificazione dei rischi o potenziali tali fino all'applicazione delle misure correttive.

Conclusione

Siamo giunti al termine di questo libro dedicato interamente al metodo d'analisi FMEA e alle sue varianti; ora, è possibile trarre alcune conclusioni importanti. Abbiamo scoperto che il metodo FMEA è uno strumento incredibilmente potente per identificare e valutare i potenziali guasti e i rischi associati a un processo, a un prodotto o a un sistema. Attraverso un'analisi sistematica, siamo stati in grado di individuare le possibili cause di guasto, valutarne l'importanza e implementare azioni preventive o correttive per mitigare i rischi.

Durante il nostro percorso abbiamo imparato che l'analisi FMEA richiede un approccio multidisciplinare, coinvolgendo esperti provenienti da diverse aree, al fine di ottenere una visione completa del sistema in esame. Abbiamo anche riconosciuto l'importanza della comunicazione efficace e della collaborazione tra i membri del team, poiché questo metodo richiede una stretta interazione per ottenere risultati significativi.

Inoltre, abbiamo compreso che l'analisi FMEA non si limita solo alla fase di progettazione di un prodotto o di un processo, ma può essere applicata lungo tutto il ciclo di vita, dalla fase di sviluppo all'utilizzo e alla manutenzione. Questo ci ha permesso di identificare e affrontare i rischi in modo proattivo, migliorando la sicurezza e l'affidabilità dei nostri prodotti o dei nostri processi.

Infine, abbiamo constatato che l'analisi FMEA non è un semplice strumento di valutazione dei rischi, ma può diventare un'opportunità per l'innovazione e l'apprendimento continuo. Ogni valutazione di potenziali guasti ci ha fornito un'occasione per migliorare i nostri processi, per identificare i punti deboli e per sviluppare soluzioni innovative che potrebbero portare a prodotti e servizi migliori e più sicuri.

In conclusione, l'analisi FMEA si rivela uno strumento indispensabile per mitigare i rischi e migliorare la qualità e l'affidabilità dei nostri prodotti e dei nostri processi. Con una corretta applicazione e una mentalità aperta all'innovazione, possiamo sfruttare appieno il potenziale di questo metodo per creare un futuro più sicuro e migliore. Non dimentichiamo mai di essere proattivi nella gestione dei rischi e di utilizzare l'analisi FMEA come parte integrante del nostro approccio aziendale.

www.ingramcontent.com/pod-product-compliance
Lightning Source LLC
Chambersburg PA
CBHW052327220526
45472CB00001B/304